CARL WEHMER

MAINZER PROBEDRUCKE

IN DER TYPE DES SOGENANNTEN ASTRONOMISCHEN KALENDERS FÜR 1448

EIN BEITRAG ZUR GUTENBERGFORSCHUNG

*

MIT EINER UNTERSUCHUNG

DER ASTRONOMISCHE KALENDER
EINE PLANETENTAFEL FÜR LAIENASTROLOGEN

VON VIKTOR STEGEMANN

1948

LEIBNIZ VERLAG MÜNCHEN
BISHER R. OLDENBOURG VERLAG

DR. CARL WEHMER, GEB. 9. JANUAR 1903 IN HANNOVER.

1948. VERÖFFENTLICHT UNTER DER ZULASSUNGSNUMMER US-E-179 DER NACHRICHTENKONTROLLE DER MILITÄRREGIERUNG (DR. MANFRED SCHRÖTER UND DR. RUDOLF C. OLDENBOURG). AUFLAGE: 500.
GESETZT AUS DER MONOTYPEGARAMOND-ANTIQUA UND KURSIV VON A. HEINE GMBH., GRÄFENHAINICHEN.
DRUCK DES TEXTES UND BUCHBINDERARBEITEN VON R. OLDENBOURG, GRAPH. BETRIEBE GMBH., MÜNCHEN

DEM VORSITZENDEN DER
KOMMISSION FÜR DEN GESAMTKATALOG
DER WIEGENDRUCKE

PROF. DR. ERICH VON RATH

IN DANKBARER VEREHRUNG
ZUGEEIGNET

INHALT

HÄUFIG VERWENDETE ABKÜRZUNGEN

in Literaturnachweisen:

GJ = Gutenberg-Jahrbuch
GW = Gesamtkatalog der Wiegendrucke
VGG = Veröffentlichungen der Gutenberg-Gesellschaft
ZfB = Zentralblatt für Bibliothekswesen

für Drucke des 15. Jahrhunderts:

AK = Astronomischer Kalender für 1448 (GW 1285)
B 36 = 36 zeilige Bibel (GW 4202)
B 36 a = Zunächst (nicht nach Vorlage der B 42) gesetzte Seiten der B 36
B 40 K = Krakauer Probedruck einer 40zeiligen Bibel
B 40/41 = Zunächst gesetzte (40 und 41 zeilige) Seiten der B 42
B 42 = 42 zeilige (Gutenberg-) Bibel (GW 4201)
D 26 = 26 zeiliger Berlin-Trierer Donat (GW 8674)
D 27 K = Krakauer Probedruck eines 27 zeiligen Donats (GW 8675)

MAINZER PROBEDRUCKE IN DER TYPE DES SOGENANNTEN ASTRONOMISCHEN KALENDERS FÜR 1448

VON CARL WEHMER

I. Herkunft der Blätter

In dem Inkunabelkatalog der Krakauer Jagellonischen Universitäts-Bibliothek, den Wisłocki 1900 veröffentlichte, werden als Inc. 2267 ohne Bestimmung des Entstehungsortes oder der Entstehungszeit Fragmente dreier Ausgaben der Schulgrammatik des Donatus, der sogenannten „Ars minor", verzeichnet, die zur Zeit des Dr. Muczkowski zusammengeheftet worden seien[1]. Bei den vorbereitenden Arbeiten für den Artikel „Donatus" des Gesamtkataloges der Wiegendrucke[2] erbat die Geschäftsstelle der Kommission 1937 die Fragmente nach Berlin, um sie inhaltlich und typographisch untersuchen zu können. Dem Wunsche der Kommission wurde entsprochen und ihr wurde als Inc. 2267 eine Mappe übersandt, in der zehn, z. T. stark beschädigte und an Papierfalzen befestigte Blätter vereint waren, ein Blatt aus Pergament, die übrigen aus Papier. Die Blätter sind offenbar aus alten Einbänden herausgelöst worden; über ihre Herkunft war nichts vermerkt.

Fünf der Blätter müssen dem gleichen Einband entnommen sein, denn sie unterscheiden sich von den übrigen durch verschiedene Besonderheiten, die sie unter sich gemeinsam haben, so durch gleiche Länge, durch gleiche Schriftart der handschriftlichen und gedruckten Texte und z. T. durch gleiches Papier. Ich gebe zunächst eine kurze Beschreibung; eine genauere Bestimmung der Texte folgt an späterer Stelle. Die Blätter bezeichne ich hier wie stets im folgenden, mit den römischen Ziffern I—V, wobei etwa hinzugefügtes a oder b auf die Vorder- oder Rückseite, hinzugefügtes α oder β auf die linke oder rechte Spalte der Schrift zu beziehen ist.

Bl. Ia und b: Gedruckter Text (aus dem sogenannten „Astronomischen Kalender", GW 1285). Vgl. Tafel 1 und 3.
IIa: Handschriftlicher Text und darüber gedruckter Text (Bibel). Vgl. Tafel 5.
IIb: Handschriftlicher Text. Vgl. Tafel 6.
IIIa: Handschriftlicher Text und darüber gedruckter Text (Donat). Vgl. Tafel 7.
IIIb: Handschriftlicher Text und Reste gedruckten Textes (Donat). Vgl. Tafel 8.
IVa: Handschriftlicher Text und darüber gedruckter Text (Donat). Vgl. Tafel 9.
IVb: Handschriftlicher Text und Reste gedruckten Textes (Donat). Vgl. Tafel 10.
Va: Handschriftlicher Text und darüber Abklatsch eines gedruckten Textes (Donat). Vgl. Tafel 11.
Vb: Handschriftlicher Text. Vgl. Tafel 12.

[1] Wladislaus Wisłocki, Incunabula typographica Bibliothecae Universitatis Jagellonicae Cracoviensis inde ab inventa arte imprimendi usque ad a. 1500 ... (Munera saecularia Universitatis Cracoviensis Vol. III) Cracoviae, 1900, S. 157f.

[2] Gesamtkatalog der Wiegendrucke (in Zukunft stets GW zitiert), Band VII, 1938, 8674—9034.

Blatt I besteht aus stark gelblichem Papier von ziemlich rauher Oberfläche und enger Rippung der Wasserlinien. Im Abstand von ca. 37 mm laufen Querlinien. Ein Wasserzeichen ist in dem nur 21,7 zu ca. 12 cm großen Stück nicht vorhanden. Die Blätter II—V haben ein Papier von ebenfalls rauher Oberfläche, das an den zusammengeklebten Stellen stark fasert, von braun-gelblicher Farbe und grober Rippung ohne erkennbare Querlinien oder Wasserzeichen. Die Papiersorte der Blätter II—V stimmt genau überein und ist von der Papiersorte des Blattes I deutlich zu unterscheiden.

Mit Genehmigung der Krakauer Bibliothek wurden die Blätter I—V von den übrigen Blättern der Mappe Inc. 2267 getrennt, von den aufgeklebten modernen Papierstreifen befreit und nach vorsichtiger Herrichtung durch den Buchbinder Kohnert in Berlin in zweckmäßige Umschläge eingehängt.

Die übrigen fünf Blätter sind folgende:

a) zwei einseitig bedruckte (auf der Rückseite mit Rezepten, Gebeten und sonstigen Notizen saec. XV. beschriebene) Blätter eines xylographischen Donats. Offenbar Probeabzüge; die Schrift ist stark gequetscht. Bei Haebler, Xylographische Donate, Gutenberg-Jahrbuch 1928, S. 15ff., nicht erwähnt.

b) zwei sehr stark beschädigte Blätter (19 und 20) eines um 1490 von Michael Wenßler in Basel gedruckten Donats (beschrieben GW 8876[1]).

c) ein Blatt eines auf Pergament in derber gotischer Textura saec. XV. geschriebenen Donats (hs. signiert 2239 und IXd 50).

Keines dieser fünf Blätter bietet ein Merkmal, aus dem man auf ursprünglich gemeinsame Überlieferung mit den zuerst beschriebenen Blättern I—V schließen könnte. Wahrscheinlich war nur der gemeinsame Donattext der Anlaß, die verschiedenen Fragmente im 19. Jahrhundert zu einer Einheit zu verbinden. Wisłocki vermutet in seinem Katalog, daß dies zur Zeit des Dr. Muczkowski geschehen sei. Der Historiker und Sprachwissenschaftler Josef Muczkowski (1785—1858) war seit 1834 Bibliothekar der Jagellonischen Bibliothek; er hat die bis dahin ungeordneten alten Drucke inventarisiert[2]. Leider hat er nicht notiert, aus welchen Bänden er die Blätter der Mappe Inc. 2267 herausnahm oder wo er sie vorfand. Die Bedeutung der Blätter I—V für die Geschichte der Anfänge des Buchdruckes ist von ihm ebensowenig erkannt worden, wie von Wisłocki, der die ältere summarische Bezeichnung „Donati fragmenta" offenbar ungeprüft in seinen Katalog übernahm. Hätte er die Blätter auch nur auf ihren Inhalt genauer angesehen, so hätte er bemerken müssen, daß außer den Donattexten auf den Fragmenten Bibeltext (IIa) und zwei Stücke eines deutschsprachigen Textes mit Angaben über Mondphasen und Planetenörter (Ia und b) begegnen. Ein Jahr nach dem Erscheinen des Kataloges von Wisłocki fand Zedler den gleichen Text, der seitdem als „Astronomischer Kalender für 1448" in der Gutenbergforschung berühmt geworden ist, in den Deckeln einer Wiesbadener, aus Kloster Schönau stammenden Handschrift. Es wäre von hohem Interesse, zu wissen, aus welchem Einband das Krakauer Exemplar des Astronomischen Kalenders und die zugehörigen Blätter herausgelöst wurden. Vielleicht kann eine spätere Durchforschung der älteren Einbände der Krakauer Bibliothek diese Frage noch aufhellen. Vorläufig müssen wir uns mit der Feststellung begnügen, daß die Blätter I—V ohne Zweifel einem Einband, und zwar alle demselben Einband entnommen wurden.

Dafür gibt es verschiedene zuverlässige Kennzeichen:

Die Größe: Alle Blätter (I—V) sind auf die gleiche Länge von 217 mm zugeschnitten.

Das Papier und die handschriftlichen Texte: Vier der Blätter (II, III, IV, V) haben gleiches Papier (s. o.) und handschriftlichen Text von gleicher Hand. Das fünfte Blatt (I) auf abweichendem Papier weist Merkmale auf, aus denen erkennbar ist, daß es einmal mit Blättern derselben Handschrift zusammengeklebt gewesen sein muß, zu der die Blätter II—V gehört haben. Bei dem Auseinanderlösen der Blätter sind außer Partikeln der Kleistermasse

[1] Dort fälschlich mit der Signatur 2271, 2 (statt 2267, 2) zitiert.

[2] Vgl. Gabrjel Korbut, Literatura polska ... Tom. III, Warschau 1930, S. 298f. mit Literaturnachweisen.

auch Reste des Papiers der Sorte II—V und Schriftspuren an Blatt I hängengeblieben[1]. So ist eine der charakteristischen Durchstreichungen der Handschrift und das von der Hand der Blätter II—V geschriebene Wort „dedit" spiegelbildlich noch erkennbar (vgl. Tafel 3 rechts etwa 2 cm unter der gedruckten Schrift)[2].

Die gedruckten Texte: Das ursprünglich leere Blatt I und die beschriebenen Blätter II—V sind mit der gleichen Type, der sogenannten Donat-Kalendertype, bedruckt worden. Die Blätter II—V wurden nicht nachträglich, sondern vor dem Druck beschrieben. Alle Blätter sind nicht etwa Teile ausgedruckter Bücher, sondern rohe Bürstenabzüge (in einem Fall der frische Abklatsch eines solchen) aus noch im Satz befindlichen Druckwerken. Drei Blätter (III, IV, V) sind Abzüge, bzw. der Abklatsch, von Seiten desselben Buches (eines Donat).

Aus diesen Beobachtungen ist folgendes zu schließen:

1. Die auf gleiche Länge zugeschnittenen Blätter sind aus dem gleichen Einband herausgelöst. Wahrscheinlich haben sie als Papiereinlage eines Ledereinbandes gedient, ähnlich wie die vor wenigen Jahren in Kiew gefundenen, ebenfalls in der sogenannten Donat-Kalendertype gedruckten Blätter einer bis dahin unbekannten Ausgabe des Provinciale Romanum.
2. Der Buchbinder, der den Einband herstellte und für ihn gleichartig beschriebene und bedruckte Korrekturblätter verarbeitete, hat diese Blätter aus *einer* und nicht etwa aus verschiedenen Quellen erhalten. Bürstenabzüge, die völlig übereinstimmende Merkmale aufweisen und die nur im inneren Betrieb einer Druckerei für kurzfristigen Hausgebrauch in einem oder in wenigen Exemplaren hergestellt werden, sind keine Handelsware, die in gleicher Beschaffenheit an verschiedenen Stellen auftauchen und von verschiedenen Lieferanten bezogen sein könnte. Daraus folgt weiter, daß die Abzüge auch in *einer* und nicht in verschiedenen, mit der gleichen Donat-Kalendertype arbeitenden Druckereien entstanden sind.
3. Die Makulatur, die der Buchbinder für die Anfertigung des Einbandes zur Hand hatte, wird ursprünglich etwa so zusammengelegen haben, wie er sie von seinem Lieferanten, der übrigens mit dem Drucker nicht personengleich zu sein braucht, übernommen hatte. Ein Beweis für die Richtigkeit dieser Annahme ist schon, daß zwei von den fünf Blättern (III, IV) offensichtlich als Korrekturfahnen bei der Herstellung des gleichen wenig umfangreichen Buches (eines Donat) gedient haben, und daß ein drittes Blatt (V) den Abklatsch einer Korrekturfahne aus ebendemselben Buch zeigt[3]. Wenn die Makulatur aber in der Druckerei, aus der sie der Buchbinder unmittelbar oder mittelbar übernahm, bereits in gleicher oder ähnlicher Ordnung zusammenlag, bevor sie abgegeben wurde, so muß man vermuten, daß die Korrekturblätter auch etwa zur gleichen Zeit, jedenfalls nicht zu weit auseinanderliegenden Terminen entstanden sind. Unhaltbar wäre die Vorstellung, daß eine Druckerei Bürstenabzüge, die sich ein Setzer zur Prüfung des noch nicht korrigierten Satzes auf gerade zur Hand befindlichem wertlosen Papier abziehen ließ, beispielsweise zehn Jahre aufbewahrt, daß sie diese Blätter nach zehn Jahren mit anderen Korrekturabzügen zweier mit derselben Type gedruckten Bücher zusammenordnet, um ein solches Sortiment von inhaltlich längst belanglos gewordenen Probedrucken schließlich als Altpapier zusammen abzugeben. Vielmehr ist gerade das zufällige und ohne Zweifel unbeabsichtigte Beieinander der fünf Korrekturabzüge ein klarer Hinweis auf ihre ungefähr gleichzeitige Entstehung, mag man diese „Gleichzeitigkeit" nun nach Tagen, Wochen oder sogar Monaten begrenzen wollen. Jedenfalls können nicht Jahre zwischen den Arbeitsvorgängen gelegen haben, bei denen die Probeabzüge abgefallen sind.

[1] Die zehnfache Vergrößerung der elektrischen Zeiß-Leuchtlupe erlaubt eine einwandfreie Feststellung.

[2] Soviel ich sehe, rührt dieser Abklatsch von keinem der Blätter II—V her. Da auf Blatt IIIb (vgl. Tafel 8) außerdem der spiegelbildliche Abklatsch einer deutschen Privaturkunde in Resten erkennbar ist, muß man annehmen, daß weiteres zugehöriges Makulaturmaterial vorhanden war, daß es bei dem Auflösen des Einbandes aber von den Blättern I—V getrennt oder vernichtet wurde. Ich vermute, daß in die Mappe Inc. 2267 alle Blätter eingereiht wurden, die umfangreicheren typographischen Text zeigten und die der Finder deshalb für aufbewahrenswert hielt. Es ist noch zu bemerken, daß die Blätter recht gewaltsam getrennt wurden, so daß mehrfach die Oberfläche erheblich mit Textverlust beschädigt wurde (so IIIb, IVa).

[3] Daß dieses Blatt V wiederum mit Blatt II eng zusammengehört, wird die Untersuchung der handschriftlichen Texte in Kapitel II lehren, vgl. S. 5.

Als wesentliches Ergebnis unserer Beobachtungen über die Herkunft der Krakauer Korrekturblätter können wir also feststellen, daß die fünf gemeinsam überlieferten Rohabzüge aus drei verschiedenen Druckwerken in der gleichen Werkstatt und ungefähr gleichzeitig entstanden sein müssen. Es ist nun zu prüfen, ob eine nähere Untersuchung der handschriftlichen und gedruckten Texte das aus dem Zustand der Überlieferung abgeleitete Ergebnis bestätigen oder erweitern kann.

II. Die handschriftlichen Texte

Die Blätter II—V enthalten, wie bereits bemerkt wurde, handschriftlichen Text, der niedergeschrieben war, ehe die Blätter bedruckt wurden. Es ist also notwendig, sich zunächst über diesen handschriftlichen Text klar zu werden, denn er könnte Anhaltspunkte für ein Urteil bieten, wann und wo die Blätter bedruckt wurden.

Schon die Tatsache, daß beschriebenes Papier verwendet wurde, verdient unsere Aufmerksamkeit. Im Betrieb einer Druckerei wird man beschriebenes Papier für Abzüge nur dann benützen, wenn der Setzer den Stand oder der Drucker die Zurichtung des Satzes prüfen wollen. Etwa für den mit Feder und Tinte arbeitenden eigentlichen Korrektor, wie wir ihn bereits aus recht früher Zeit des Mainzer Buchdrucks in zwei Korrekturblättern der Werkstatt Peter Schöffers kennenlernen[1], wäre beschriebenes Papier als Material der Korrekturfahnen nicht geeignet, da er seine Verbesserungen in bereits vorhandenen handschriftlichen Text hätte hineinschreiben müssen. Tatsächlich zeigt keines der Krakauer Blätter eine handschriftliche Korrektur des gedruckten Textes, so daß es genauer wäre, stets nur von Probeabzügen zu sprechen.

Was für eine Handschrift wurde für diese Probeabzüge verwertet? Man braucht nur einzelne Seiten (vgl. Tafel 6, 10, 12) anzusehen, um bereits im allgemeinen die Art der Handschrift zu erkennen. Das häufige Vorkommen von Geldangaben, die Anordnung des Textes in kleinen Absätzen, die sämtlich wieder durchstrichen sind, lassen keinen Zweifel, daß die Blätter aus einem der Handlungsbücher stammen müssen, in denen ein mittelalterlicher Kaufmann über seine Kreditgeschäfte Buch führte, bis er die Notizen nach erfolgter Zahlung des Schuldners oder nach Übertragung der Posten in ein anderes Buch, etwa in ein Hauptbuch („Caput") durch Streichen tilgte[2]. Diesen Typus mittelalterlicher Handelsakten[3] nennt man Schuldbuch. In unserem Fall ist das Schuldbuch in zwei Spalten beschrieben worden. Die einzelnen Posten sind oft durch größere Zwischenräume getrennt, um Nachträge über Teilzahlungen oder über weitere Kredite für den gleichen Schuldner zu ermöglichen. Gelegentlich sind auch die Posten durch Querstriche voneinander abgeteilt, um die Übersichtlichkeit zu erhöhen.

Die Eintragungen sind selbstverständlich in der für Geschäftszwecke üblichen *Schriftart:* der Kursive geschrieben, deren zeitgenössischer Name „notula" oder „nottel" war. Die Schrift zeigt die bezeichnenden Ver-

[1] Vgl. Gutenberg-Jahrbuch 1932, S. 118ff. und 1938, S. 99ff. mit Abbildungen der Korrekturblätter.

[2] Abbildungen solcher Eintragungen findet man in: Das Handlungsbuch Vickos von Geldersen, bearbeitet von Hans Nirrnheim, Hamburg 1895 (zwei Tafeln am Schluß) und in: Das Runtingerbuch, ed. Franz Bastian, I, 1944 (vgl. folgende Anm.). Vgl. auch die Abbildungen aus Revaler Kaufmannsakten bei Gunnar Mickwitz, Aus Revaler Handelsbüchern (Soc. Scient. Fennica, Comm. Human. Litt. IX 8) Helsingfors 1938 in dem Kapitel über Buchführung S. 188ff. und die Fragmente eines im Archivio Paleografico Italiano Fasc. 48, Vol. X (1925) Taf. 6-9 abgebildeten libro di banchieri, Florenz 1211.

[3] Einen Überblick über die mittelalterlichen Handlungsbücher Deutschlands findet man bei Heinrich Bechtel, Wirtschaftsstil des deutschen Spätmittelalters, München 1930, S. 314ff. Ergänzende Literaturangaben bei Ludwig Petry, Die Popplau. Eine schlesische Kaufmannsfamilie des 15. und 16. Jahrhunderts (Histor. Untersuchungen 15) Breslau 1935, S. 1, Anm. 3. Dazu die in der vorigen Anm. genannte Publikation von Mickwitz und vor allem die umfangreiche Publikation von Franz Bastian: Das Runtingerbuch 1383-1407 und verwandtes Material zum Regensburger-Südostdeutschen Handel und Münzwesen I (1944), II (1935), III (1943), Deutsche Handelsakten des Mittelalters und der Neuzeit, hrsg. durch die Historische Kommission bei der Bayer. Akademie der Wissenschaften, Bd. VI-VIII. In Bd. I (Darstellung) wird ausführlich auf die sonstigen Handlungsbücher vergleichend eingegangen; Bd. II bringt den Text des Runtingerbuches, Bd. III Urkunden, Briefe, Rechnungsauszüge und sehr nützliche Register. Über französische und italienische Handlungsbücher vgl. die Hinweise bei Heinrich Sieveking, Aus venetianischen Handlungsbüchern, in: Jahrbuch für Gesetzgebung, Verwaltung und Volkswirtschaft im Deutschen Reich 25 (1901) S. 1490. Zur Sache vgl. man den Artikel „Buchführung" im Handwörterbuch der Staatswissenschaften.

stärkungen der Schäfte und die Unterlängen bei f und ſ, die Schleifenbildungen der Oberlängen bei d, h, k, l und überhöhtes zweistöckiges a. Einzelnes i hat fast stets einen Punkt. Einigermaßen sorgfältig geschriebene wechseln mit sehr flüchtig hingeworfenen Partien (z. B. Tafel 10), in denen e, r, o und v schwer leserlich werden. Trotzdem zweifle ich nicht, daß alle Eintragungen von gleicher Hand stammen. Der Paläograph würde die Schrift als gotische Kursive der zweiten Hälfte des 14. Jahrhunderts charakterisieren. Über den Eintragungen kommt fünfmal ein Merkzeichen des Buchführers vor: ein durch senkrechten Strich halbierter Kreis, dessen rechte Hälfte durch waagerechten Strich nochmals unterteilt ist. Die Bedeutung dieses Zeichens ist mir unbekannt; in der mir zugänglichen Literatur fand ich es nicht erwähnt[1].

Die *Leserlichkeit* der Texte wird weniger durch die Eigenarten der Kursive und durch ihre Schreibflüchtigkeit als durch den Erhaltungszustand der Blätter beeinträchtigt. Abgesehen von den schon erwähnten, oft groben Beschädigungen fehlen regelmäßig entweder der linke oder der rechte Rand der Schriftspalten, so daß niemals ein ungestörter Sinnzusammenhang das Lesen erleichtert. Außerdem sind die Texte durchstrichen, nicht selten auch noch überdruckt. Dann hilft keine elektrische Leuchtlupe, kein Quarzlicht und keine Fluoreszenzphotographie[2] mehr; die fetthaltige, tiefschwarze Druckfarbe hat die bräunliche, oft mehr gelbe als braune Tinte der Handschrift völlig zugedeckt. Von den Texttrümmern, die sich bei einigen Eintragungen unter solchen Umständen nur erkennen ließen (so auf Blatt IVa, Tafel 9), teile ich lediglich die Worte mit, die ich einwandfrei lesen konnte und die auch ohne Sinnzusammenhang irgendein inhaltliches Interesse beanspruchen dürfen, während ich auf die Mitteilung gleichgültiger, wenn auch lesbarer Einzelbuchstaben und Wortteile in diesen Fällen verzichte. Ich fürchte, daß bessere Augen hier nicht glücklicher sein werden.

Was nun die *Reihenfolge der Texte* auf den erhaltenen acht Seiten der Blätter II—V betrifft, so läßt sich in keinem Fall zweifelsfrei entscheiden, ob eine Seite in dem Schuldbuch die Vorder- oder die Rückseite eines Blattes war. Eine ungefähr richtige Reihenfolge ergibt sich aus den vorkommenden Daten. Für die Ermittlung einer genauen Reihenfolge reichen die Datierungen allerdings nicht aus, da die benachbarten Posten des Schuldbuches wohl zeitlich ungefähr zusammengehören, aber nicht nach den Daten der Kredite, sondern nach den Namen der Kunden angeordnet sind; nur die verschiedenen Käufe desselben Kunden sind selbstverständlich in chronologischer Folge verzeichnet. So kann es vorkommen, daß nach Eintragungen mit Daten aus dem April und Juli 1393 ein Posten folgt, der 1392 datiert ist. Ein anderer Umstand erlaubt, von den Texten der Blätter III und IV zusammenhängende Gruppen in ihrer ursprünglichen Folge wieder herzustellen. Blatt III war der untere Teil des Blattes IV, wie sich aus der Beschaffenheit des Seitenrandes von Blatt III (mit den fehlenden Teilen des gedruckten Textes von Blatt IV, vgl. Tafel 8, 9) und des unteren Randes von Blatt IV (mit den fehlenden Teilen des gedruckten Textes von Blatt III, vgl. Tafel 7, 10) ergibt. Damit ist es klar, daß Blatt IIIa (Tafel 7) die Fortsetzung der handschriftlichen Texte von Blatt IVb (Tafel 10) und daß Blatt IIIb (Tafel 8) die Fortsetzung der handschriftlichen Texte von Blatt IVa (Tafel 9) enthalten muß. Die auf Blatt III und IV vorkommenden Daten (1392 und 1393) bestätigen dieses Ergebnis, während die Blätter II und V wieder zu einer zeitlich zusammengehörenden Gruppe gehören; die vorkommenden Daten sind auf beiden Blättern 1383 und 1384. Ich vermute, daß Blatt V hinter Blatt II gehörte. Bei der Untersuchung der gedruckten Texte ist auf diese Frage nochmals zurückzukommen (vgl. S. 27).

Die Zusammengehörigkeit der Blätter III und IV erlaubt einen Rückschluß auch auf die ursprüngliche *Seitengröße* des Schuldbuches. Die beiden zusammengelegten Fragmente ergeben bereits eine Blatthöhe von fast 35 cm. Am oberen Rande werden vielleicht 5 cm, an beiden Seiten gewiß je 3 cm fehlen, so daß wir uns ein Kontobuch in den beträchtlichen Ausmaßen von ungefähr 40 zu 28 cm vorstellen müssen[3].

[1] Über ähnliche Merkzeichen im Runtingerbuch vgl. Bastian a. a. O. I, S. 394.

[2] P. Alban Dold OSB danke ich herzlich für die Mühe, die er mit den Hilfsmitteln des Palimpsest-Instituts der Erzabtei Beuron der Lösung dieser Aufgabe widmete.

[3] Einige Beispiele für die Größe sonstiger mittelalterlicher Handlungsbücher: Das Handlungsbuch von Hermann und Johann Wittenborg (hrsg. von Carl Mollwo, Leipzig 1901) war in der ersten Lage 31 cm hoch und 23 cm breit, in der zweiten Lage 29 cm hoch und 21,5 cm breit. Das schon erwähnte Handlungsbuch Vickos von Geldersen ist 30 cm hoch und 22 cm breit. Beide Bücher stammen aus der zweiten Hälfte des 14. Jahrhunderts. Das Runtingerbuch (1383-1407) hat 29,5 zu 22,5 cm, vgl. Bastian a. a. O. I, S. 240; dort auch die Maße des Warendorpbüchleins

Nach diesen Vorbemerkungen über die äußeren Merkmale[1] der Handschrift, zu der die Blätter II—V ursprünglich gehört haben, versuche ich die *Lesung der Texte*. Bei ihrer Wiedergabe bezeichnen Punkte . . . die Stellen, die ich aus den oben angegebenen Gründen nicht lesen konnte. Eckige Klammern [. . .] bedeuten, daß ein Textstück fehlt, weil hier das Blatt abgeschnitten oder mit Textverlust beschädigt ist.

Bl. IIaα *(Tafel 5)* *(linker Rand des Textes fehlt)*

1—4 *kein zusammenhängender Text herzustellen*
5 xiij iar . . .
6 f̄ xxv lib

Bl. IIaβ *(Tafel 5)* *(rechter Rand des Textes fehlt)*

Anfang des Eintrags fehlt
1 t̄ v vl̄ ane j fertil [. . .]
2 wart ſiner frawen z[. . .]
3 It̄ t̄ x vl̄ blachez vl ꝓ [. . .]
4 wart ſinen kinden zu . . . [. . .]
5 It̄ t̄ xx alde hl̄l vor j vl g[. . .]
6 ſinen kinden zu armen na[. . .]
7 frawe vff den fridag f[. . .]
8 dag im lxxxiij iar
9 It̄ dedit 1 gul gab . . . [. . .]
10 ſie daz docht . . . f̄t xxiii [. . .]

Bl. IIbα *(Tafel 6)* *(linker Rand des Textes fehlt)*

Anfang des Eintrags fehlt
1 *unvollständig und unleserlich*
2 [. . .] vnd rot vl̄ ꝓ 1 gul wart ir
3 [. . .] kogel nam bechtdolf vff hans witzer
4 [. . .] . . . reſt dag em lxxxiij iar
5 ft hie, iij lib̄ vij β
6 [. . .]zer t̄ x vl gra[. .]s vl ꝓ xv β wart
7 [. . .]nrat dem ſchencken dem domhern ſchencke
8 [. . .] ſiner ſweſter nam Juncker cunrat
9 [. . .]dag nach ſancte endris dage em lxxxiij
10 [. . .]or ſprach vns hans witzer
11 ft vij lib̄
12 [. . .] zū . . lin . . gē t̄ iij fertil blaches
13 [. . .] wart erme kinde zu armen nam
14 *unleserlich*
15 [. . .] zu ſchelbenb͡g t̄ ix vl wiz gra

16 [. . .] β vnd iiij alde hl̄l wart her johan
17 [. . .]oren ſon vō ſawelheim zū dapbart
18 [. . .] vff den fridag vor halpfaſten jm
19 f̄ . . . iij gul vnd iiij β
20 [. . .] . . . ix β ane iiij hl wart her johan
21 [. . .] . . . hoſen nam elſe vff den [. . .]
Schluß des Eintrags fehlt

Bl. IIbβ *(Tafel 6)* *(rechter Rand des Textes fehlt)*

Anfang des Eintrags fehlt
1 vff den . . . dag . . . *(Zeile abgeschnitten)*
2 lxxxiij iar
3 It̄ t̄ vj vl graecz vnd wiz vl ꝓ x(?) β [. . .]
4 ſime knaben zu zwefelgen růgke nam [. . .]
5 der ſnider vff den ſamſdag vor ſant kat [. . .]
6 dag jm lxxxiij iar
7 ft̄ hie iij lib̄ vj β
8 It̄ t̄ iij fertil kornblome vō broſil [. . .]
9 wart ſiner frawen zur kuogel nam b[. . .]
10 It̄ t̄ iij fertil der ſelben kornblome vl̄ [. . .]
11 wart ſiner geſwien zůr kůogel nam b[. . .]
12 It̄ vir elſſe zu ſchellenberg t̄ iij vl kornblom [. . .]
13 wart hern Johan erme broder verern zū ſch[. . .]
14 vnd henſgen dem meler zu ſauelnheim
15 It̄ t̄ xiij vl̄ kornblom vl̄ ꝓ xij β vnd iiij hl̄l w[. . .]
16 Johan erm broder zū dappart und zū růcke
17 It̄ t̄ xi vl̄ wis vl̄ ꝓ v β ane ij alde hl̄l wart [. . .]
18 Johan vnder den rücke zu fodrin ſie ſ . . . t . . . [. . .]
19 nam vor elſſe vnd her Johan vff den fritdag [. . .]

(23 : 15,5 cm) und des Lererbuchs (30 : 10 cm). Das zu Anfang des 16. Jahrhunderts geführte Handelsbuch der Popplau (vgl. Ludwig Petry, Die Popplau, Breslau 1935) mißt 33 : 22 cm.

[1] Über das Papier vgl. S. 2.

20 remeusdag em lxxxiiij iar
21 It t̄ iij vl̄ ane j fertil derſelben kornblome [. . .]
22 xij β vnd iiij hll̄ wart auch her Johan erme [. . .]
23 zu hoſen vnd zur zwefelgen kuogel nam er [. . .]
24 bechtolf halden mit vor elſſe dar vor ſpric[. . .]
25 heis vor elſſe er ane ſchriben vnder dieſen [. . .]
26 It̄ dedit ij gul gab ſie
27 ft̄ xij lib̄ viij β iij hll̄
28 It̄ t̄ v fertil blaches vl̄ ꝑ ix β ane iiij hll̄ [. . .]
29 zu h[. . .]n nam ſie vor pingiſten ſime broder [. . .]
30 [. . .] dedit vj gul gab elſe vff ſant [. . .]
31 *unleserlich*

Bl. Vaα (Tafel 11)
(linker Rand des Textes fehlt)
1 [. . .]r preſencie vnder den ſtierluden
2 [. . .] blaches vl̄ ꝑ ix β
3 [. . .] vl̄ grones vl̄ ꝑ x β ane iiij hll̄ wart
4 [. . .]me ſon zu zwein rücken
5 [. . .] vl̄ blaches vl̄ ꝑ v β wart eim medegē
6 [. . .] nam er und ſin frawe vff den mitwochē
7 [. . .]te lorentzien dage em lxxxiij iar
8 [. . .] ij gul da er daz doch nam
9 ft̄ ij lib̄ iiij β iij hll̄
10 [. . .]e her olriches knecht vō cronēberg
11 [. . .]hem t̄ iiij β vir leib er ſchuldig an
12 [. . .] . erlei gron . wart eme zur kogeln
13 [. . .]ach der aldē meſſe

Bl. Vaβ (Tafel 11)
(rechter Rand des Textes fehlt)
1 It̄ vmel henne ſalman t̄ ix vl̄ iedis [. . .]
2 vl̄ ꝑ 1 gul vnd ꝟ β wart ſime wibe [. . .]
3 vnd em zu hoßen nam er vff den mit[. . .]
4 ſancte bartholomeus dag em lxxxiij i[ar]
Über Zeile 5 Merkzeichen des Buchführers
5 It̄ kleſgē bocking der decker t̄ . x[. . .]
6 vor die kogeln die rechenūge mach[. . .]
7 ſelber vff den densdag nach des heilg[. . .]
8 dage em lxxxiij iar

Bl. Vbα (Tafel 12)
(linker Rand des Textes fehlt)
1 [. . .] b*s zu paris t̄ x β vn leib er
**das b Z. 1 nachträglich aus v (?) korrigiert*
2 [. . .]huldig an eīm graen par hoßen
3 [. . .]em ſelber vff ſancte jacobis abent
4 [. . .]ij vl̄ zweierlei bla vl̄ ꝑ x β wart
5 [. . .] zū dappart vnd zu hoßen vnd zur kogeln
6 [. . .] vff den mitwochen vor ſancte lorētzien dag
7 [jm lxx]xiij iar
8 ft̄ iiij lib̄
9 [. . .]ne ſacman der meſſerſmet ame iſendorlin
10 [. . . v]l̄ graez vl̄ ꝑ vj β ane iiij hll̄ wart em
11 [. . .]ke vnd zur kuogel nam er ſelber vff
12 [. . .]dag nach ſant gallen dag jm lxxxiiij iar
13 ft̄ xxviij β iiij hll̄
14 [. . .] ſacman der meſſerſmet ame iſendorlin
15 [. . .] β vnd iiij hll̄ alt gilt die rechenūge
16 [. . .]r ſelber

Bl. Vbβ (Tafel 12)
(rechter Rand des Textes fehlt)
Über Z. 1 Merkzeichen des Buchführers
1 It̄ heintze mantze t̄ xiij vl̄ zweie[. . .]
2 vl̄ ꝑ xviij β wart em zū manttel vnd [. . .]
3 ſime ſon zū rücken nam henſil weder ſpa[. . .]
4 vff den ſamſdag vor ſancte pauels d[. . .]
5 nacht em lxxxiiij iar
6 It̄ t̄ ij vl̄ gro(ne)s vl̄ ꝑ xviij β daz wa[. . .]
7 zu hoßen nam henſil ſin ſnider
8 It̄ t̄ iij vl̄ ane j fertil der gronē [. . .]
9 wart hennē ſime ſone zū rucke nam [. . .]
10 da bi waz peder dochſcherer
11 ft̄ xv lib̄ xvij [. . .]
12 It̄ dedit x gul
13 It̄ dedit ij gul

Bl. IVaα (Tafel 9)
(linker Rand des Textes fehlt)
Zusammenhängender Text ist nicht herzustellen, da das Papier an vielen Stellen zerstört ist
1 [. . .]ſgen d . . he . . .
2 [. . .] gron . vl̄ ꝑ xij β vnd . . .

3 [. . .]hter z . . .
4 [. . .] ſwartz . . .
5 [. . .] ſnider . . .
6 [. . .] iar
7 [. . .] rudolff . . .
8—14 *sind keine Textstellen lesbar, die inhaltliches Interesse bieten.*

Bl. IIIbα (*Tafel 8*) *(linker Rand des Textes fehlt)*
Der folgende Eintrag gehört unter Bl. IVaα Z. 1—14.
1 [. . .] . . . dielle hagens dochtir wonit
2 [. . .] viij β vor clas her̄ conratz
3 [. . .]angkenſtein vor . . . man ſchuldig ane
4 [. . .] vō botzbach ſt . . den bi her̄ conratz
5 [. . .]ben nit ſīt vns zu geben
6 f . . . iij β

Bl. IIIbβ (*Tafel 8*) *(rechter Rand des Textes fehlt)*
Über Z. 1 Merkzeichen des Buchführers
1 Itē jorge wa . . . r . . . er ē x vl̄ ſwa[. . .]
2 botzbach vl̄ ꝑ xj β wart em . . . [. . .]
3 er vff den donrſdag vor ſant mar . . . d [. . .]
4 jm lxxxxij iar
5 ſt̄ vj lib̄

Bl. IVbα (*Tafel 10*) *(linker Rand des Textes fehlt)*
1 [. . .]ne graſchaft der beſler ē vij vl̄ ane j firtil
2 [. . .] vl̄ ꝑ xiiij β wart em zū mantil vnd zur [. . .]
3 [. . .] nam er vff den mandag vor ſant walburge
4 [. . .] jm lxxxxiij iar
5 [. . .] iij gul̄ vir leib ſie ſchuldi
6 [. . .] ix vl̄ lang ſwartz vl ꝑ j gul̄ wart ir
7 [. . . m]anttel nam ſie vff den mandag vor ſant
8 [. . .]iches dag em lxxxxiij iar
9 [. . . d]edit vj gul̄ gab ſie da ſie daz lang ſwartz
10 [. . .]t vff den ſelben dag
11 [. . .]ij vl̄ bogzhorn vō michel vl̄ ꝑ xviij β
12 [. . .]n ſie en weg nam conczgen guldenmont
13 [. . .]ndir vff den fridag nach ſant margredin
14 [. . .] jm lxxxxiij iar
15—18 *unleserlich (vgl. Bl. IIIaα Z. 1—6)*

Bl. IIIaα (*Tafel 7*) *(Fortsetzung von Bl. IVbα)*
(linker Rand des Textes fehlt)
Erster Eintrag, dessen Anfang auf Bl. IVbα Z. 15—18 steht, sehr defekt.
1—6 ? *Zusammenhängender Text nicht herzustellen*
Über Z. 7 Merkzeichen des Buchführers
7 [. . .]ntze ſchultheis der forſphrege ame gericht
8 [. . . v]l̄ kornblome vō broſil vl ꝑ j gul vnd ij β
9 [. . .] ſiner frawen vn̄d . . .
10 [. . .] nam gronig ſnider vff den denſdag
11 [. . .] czincze wochen jm lxxxxij iar
12 ſt ij lib̄ ane j β

Bl. IVbβ (*Tafel 10*) *(rechter Rand des Textes fehlt)*
Anfang des Eintrags fehlt
1 dem̄ . . g [. . . *das übrige abgeschnitten*]
2 em der ij gul̄ j ort die ligint bi [. . .]
3 en dem kleinen beidel da bi [. . .]
4 dochſcherer vnd ſal ſie die ring [. . .]
5 dede ſie des nit ſ . . . *(Wort nachträglich durchgestrichen)* ſo . . . [. . .]
6 vnd virkeiffen nam ſie vnd . . . [. . .]
7 fritdag vor ſancte naſſerigē [. . .]
8 iar
9 Itē dedit j gul̄ vnd viij β gab [. . .]
10 Itē dedit j gul̄ gab concze do[. . .]
11 em den groſen ring mit dem d[. . .]
12 wedir da er den gulden gab
13 ſūa j gul̄ [. . .]
14 Itē elſſe her h[ein]riches . . . [. . .]
(Z. 14 ist vom Buchführer sogleich wieder gestrichen)
Über Z. 15 Merkzeichen des Buchführers
15 Itē godeckgē (?) her heinriches . . . [. . .]
16 *unleserlich (vgl. Bl. IIIaβ Z. 1—6)*

Bl. IIIaβ (*Tafel 7*) *(rechter Rand des Textes fehlt)*
Anfang des Eintrags auf Bl. IVbβ Z. 14ff.
1 . . . vō broſſel vl . . .
2—5 *sehr defekt. Zusammenhängender Text nicht herzustellen*
6 ſt iij gul̄ . . . β . . .

Soweit der Text. Es kann nicht Aufgabe dieser Veröffentlichung sein, Inhalt und Sprache des Schuldbuchs, das mit unserem eigentlichen Thema nur in einem zufälligen Zusammenhang steht, hier erschöpfend zu behandeln. Doch möchte ich die Angaben machen, die für eine Bestimmung und für ein Verständnis des Textes notwendig sind und für seine weitere Verwertung dienlich sein können.

Die Eintragungen des Schuldbuchs sind Vermerke über Kreditverkäufe. Reine Bargeschäfte sind nicht notiert. Die Eintragungen sind nach einheitlichem, auch sonst bezeugtem[1] Schema abgefaßt, das nur, wenn der Fall besonders geartet war (z. B. bei Hinterlegung eines Pfandes, IVbβ 2—12), verlassen wird. Die stets wiederkehrenden Bestandteile der Notierungen und ihre übliche Reihenfolge sind: Eine mit Namen[2] (und oft auch mit Wohnung) bezeichnete Person steht in Schuld (t̄ = tenetur) für eine nach Ellen (vl̄ = ulna), bzw. Viertelellen (fertil) angegebene Menge eines Stoffes, dessen Sorte oder Farbe häufig und dessen genauer Ellenpreis stets beigefügt wird (z. B. „ulna pro 14 Schillinge") und der zu einem bestimmten Kleidungsstück (z. B. Mantel, Hose) für den Käufer oder einen seiner Verwandten (broder, dochtir, geswie, kind, knabe, son, swester, wib) oder sonst jemand bestimmt ist. Weiter wird notiert, ob der Schuldner den Stoff selbst mitnimmt oder einem Beauftragten (z. B. einem Schneider[3] oder Tuchscherer[4]) ausfolgen läßt, ferner wann dies geschehen ist[5]. Nachgetragen werden weitere Kreditkäufe oder Abzahlungen (z. B. „Item dedit 10 gulden"). Die Schuldsumme ist in besonderer Zeile aufgeführt (z. B. „facit [ft] 2 Pfund [lib] 4 Schillinge [β] 3 Heller [hl̄l]")[6].

Damit ist schon ohne weiteres klar, daß die Texte aus dem Schuldbuch eines Tuchhändlers stammen müssen. Der im Mittelalter gebräuchliche, heute leicht mißverständliche Name dieses Gewerbes ist „Gewandschneider". Die „incisores panni" sind Kaufleute, die von einem Stück Wand (= Wolltuch) oder Zeug (= Gewebe aus Flachs, Baumwolle, Seide usw.) nach der Elle das gewünschte Maß abschneiden und verkaufen. Sie hatten weder mit der Anfertigung und Zubereitung des Tuches etwas zu tun (das war Sache der Weber, Walker und Tuchscherer), noch fertigten sie Kleidungsstücke an (das blieb den Schneidern vorbehalten). Sie waren also reine Händler, die den Vertrieb des importierten, oft auch des einheimischen Tuchs besorgten und nicht selten in Art eines privilegierten Monopols ausübten. Die wirtschaftliche, soziale und politische Machtstellung dieser

[1] So im Handlungsbuch Vickos von Geldersen, vgl. Nirrnheim a. a. O. S. XXVI, oder im Handlungsbuch der Popplau, vgl. Petry a. a. O. S. 14f.

[2] Da es für Historiker erwünscht sein kann, stelle ich die Namen hier alphabetisch zusammen:

bechtolf, bechtdolf	IIbβ 24, IIbα 3	jorge	IIIbβ 1
klesgen bocking der decker	Vaβ 5	heintze mantze	Vbβ 1
her conrat	IIIbα 2, 4	henne (Sohn des heintze mantze)	Vbβ 9
concze	IVbβ 10	her olriches knecht (von Cronenberg)	Vaα 10
juncker cunrat	IIbα 8	peder dochscherer	Vbβ 10
(dochscherer)	IVbβ 4, Vbβ 10	rudolff	IVaα 7
elsse	IVbβ 14	sacman der messersmet am isendorlin	Vbα 9, 14
(Fr)angkenstein	IIIbα 3	henne salman	Vaβ 1
(Hen ?)ne graschaft der besler	IVbα 1	elsse (zu schellenberg), else } (Geschwister)	IIbβ 12, 19, 24, 25, 30; IIbα 21
godeckgen (?)	IVbβ 15	her johan (zu schellenberg) } (Geschwister)	IIbα 16, 20; IIbβ 13, 16, 19, 22
gronig snider	IIIaα 10	schelbenberg	IIbα 15
conczgen guldenmont	IVbα 12	schencke, domher schencke	IIbα 7
dielle hagens dochtir	IIIbα 1	schultheis der forsphrege ame gericht (Vorname: (hei)ntze)	IIIaα 7
her heinrich	IVbβ 14, 15	hans witzer	IIbα 3
hensgen (der meler zu sauelnheim)	IIbβ 14		
hensil (snider)	Vbβ 3, 7		

[3] hensil sin snider (Vbβ 3, 7).

[4] dochscherer (IVbβ 4) peder dochscherer (Vbβ 10). Über die Tuchscherer vgl. Gustav Schmoller, Die Straßburger Tucher- und Weberzunft... Straßburg 1881, S. 12, 65f., 93.

[5] Die Datierung erfolgt in der üblichen mittelalterlichen Weise mit Hilfe der Heiligentage oder sonstiger allgemein bekannter Termine (Zinswoche, Alte (Herbst-)Messe). Die vorkommenden Heiligentage sind nicht für eine bestimmte Diözese charakteristisch; Auflösung der Daten siehe in Kapitel III, S. 27. Die Wochentage haben folgende sprachliche Form: mandag, densdag, mitwoch, donrsdag, fridag (fritdag), samstag.

[6] Der Buchhalter rechnet nach Pfunden oder Gulden, Schillingen, Hellern. Das sind, wie in kaufmännischen Aufzeichnungen üblich, hier keine Münznamen, sondern Gewichts- bzw. Rechnungseinheiten. Über die im Schuldbuch genannten „alten Heller" (alde heller IIaβ 5, IIbα 16) vgl. man Diepenbach, Geldwesen und Münzprägung in Bingen, in: Rheinhessen in seiner Vergangenheit, Bd. 4 (Como: Alt-Bingen), Teil 1, Mainz 1924, S. 92.

besonders in Nord- und Mitteldeutschland zu Gewandschneidergilden zusammengeschlossenen Händlerkaste war im städtischen Gemeinwesen eine oft sehr bedeutende[1].

Die in den Texten erwähnten Tuche sind außer der groben Leinwand[2] ungefärbtes Grautuch[3], gebleichtes weißes[4] und verschieden (blau, grün, rot, schwarz) gefärbte Tuche[5]. Zu den blauen Tuchen dürfen wir wohl die häufig als „Kornblume"[6] aufgeführte Sorte rechnen, die auch als „kornblome von brosil" oder „brossel" bezeichnet wird[7], also ein wahrscheinlich aus Brüssel stammendes Tuch war. Daneben kommt Tuch aus Butzbach (in Oberhessen) vor[8]. Unbekannt ist mir, welche Tuchsorte unter dem Namen „Bockshorn"[9] zu verstehen ist. In den von mir durchgesehenen Quellen, die Tuchnamen aufführen, kommt die Benennung nicht vor[10].

Die Kleidungsstücke, die im Schuldbuch erwähnt werden, sind Rock[11] und Hose[12], die „Kugel"[13] genannte Kapuze, der Mantel[14] und der seit etwa 1370 modern gewordene „Tapphart"[15].

Zur Kundschaft des Gewandschneiders gehören die Angehörigen des wohlhabenden Stadtpatriziats und des Landadels, deren Stand an dem zugesetzten „Herr", „Frau" (frawe) oder „Junker" kenntlich ist. Neben ihnen begegnen auch zünftige Bürgersleute, wie der am Isendorlin wohnende Messerschmied Sacman (V b α 9 ff.), dessen Rechnung allerdings wesentlich bescheidener ist, als etwa die zahlreichen Einkäufe der Frau Else und ihres Bruders, des Herrn Johann zu Schellenberg (II b α 15 ff. und β 12 ff.).

In den Notierungen über die Käufe der Geschwister Schellenberg stoßen wir zweimal auf den Ortsnamen Saulheim (II b α 17: ſawelheim, II b β 14: ſauelnheim). Dieser Ortsname, wie das eben erwähnte „Isendorlin" sind klare Hinweise, wo wir den Entstehungsort des Schuldbuches und damit den Wohnsitz des Gewandschneiders zu suchen haben. Saulheim[16] liegt etwa 20 km südwestlich von *Mainz*, in dessen mittelalterlicher Stadtbefestigung sich auch ein „eisernes Thürlein" befand[17]. Unter den Mainzer Zünften, welche 1332 den Fredebrief besiegeln, erscheinen an elfter Stelle „die stieerlude und ir genossen"[18]; das sind die Steuerleute (Schiffer). Eine „presencie vnder den stierluden" wird in dem Schuldbuch (V a α 1) erwähnt. Das auf Blatt V a α 10 genannte Cronenberg ist ohne Zweifel Kronberg am Taunus, etwa 25 km nordöstlich von Mainz[19]. Die vorkommenden Eigennamen haben mainzischen Charakter und können in zeitgenössischen Mainzer Quellen und Urkunden z. T. nach-

[1] Vgl. Mercedes Stoeven, Der Gewandschnitt in den deutschen Städten des Mittelalters (Abh. z. mittleren und neueren Geschichte 59), Berlin 1915, S. 34ff. mit reichen Belegen.

[2] blache (II a β 3; II b α 12, β 28; V a α 2, 5). [3] gra, graez (V b α 2, 10), auch: graesz vnd wiz (II b β 3). [4] wiz, wis (II b β 3, 17).

[5] bla (V b α 4), gron (V a α 3, 12; V b β 8), rot (II b α 2), swartz (IV a α 4; IV b α 6, 9).

[6] kornblome, kornblom (II b β 8, 10, 12, 15, 21; III a α 8). Kornblumenblaues Tuch wird auch im Runtingerbuch erwähnt, ebenso Tuche aus Brüssel und Butzbach, vgl. die Nachweise im Register, Bastian a. a. O. III, S. 241, ebenso I, S. 422f. über die hessisch-nassauische Tuchindustrie.

[7] II b β 8, III a β 1. [8] botzbach (III b α 4; β 2). [9] bogzhorn von michel, d. i. Mecheln? (IV b α 11).

[10] Material über Tuchsorten in Johann Tölners Handlungsbuch von 1345—1350, hrsg. von Karl Koppmann, Geschichtsquellen der Stadt Rostock I (1885) S. XXIV ff. — Handlungsbuch von Hermann und Johann Wittenborg a. a. O. S. LXX f. — Handlungsbuch Vickos von Geldersen a. a. O. S. LXIV ff., S. LXVI über farbige Tuche. — Petry, Die Popplau, S. 163 ff. In allen diesen Quellen auch Material über Tuchpreise, dazu Bastian, Das Runtingerbuch, I, S. 43, 513ff. Ferner ist Aloys Schulte, Gesch. d. großen Ravensburger Handelsgesellschaft 2 (1923) S. 106ff. zu vergleichen.

[11] ruogk, ruock, ruck (II b β 4, 16; V b β 9); under den rücke zu fodrin (II b β 18); zu zwein rücken (V a α 4); zu zwefelgen ruogke (II b β 4).

[12] II b α 21; V a β 3; V b α 2, 5; β 7. [13] kogel, kuogel (II b β 9, 11, 23; V b α 5, 11) vgl. Grimm, Wörterbuch V, 2533f.

[14] IV b α 2, 7; V b β 2. [15] dapbart, dappart (II b α 17; β 16; V b α 5) vgl. Grimm, Wörterbuch XI, 1, 1143.

[16] Im Chronicon Moguntinum finde ich für Saulheim die Form Sawelnheim (Deutsche Städtechroniken 18, S. 225), in der Chronik von Mainz die Formen Sauwelnheim und Sauelnheim (ebendort 17, S. 99, 146, 188) bezeugt. In der Mainzer Chronik von 1459—1484 heißt es Saulheim (ebendort 18, S. 59).

[17] „uf dem isern thorlin" in einem Mainzer Bericht von 1429, Deutsche Städtechroniken 17, S. 379; „beym eysern thörlein" in der Mainzer Chronik von 1459—1484: Dt. Städtechroniken 18, S. 71.

[18] Dt. Städtechroniken 17, S. 15. Vgl. Schrohe, Aus der Geschichte der Mainzer Zünfte in: Festschrift zum 75. Stiftungsfest des Kath. Gesellenvereins in Mainz am 27. VI. 1926, S. 14.

[19] Über die Herren von Kronenberg vgl. die Nachweise im Register zu Dt. Städtechroniken 18, S. 251. Zu 1366 wird im Chronicon Moguntinum ein Ulricus de Cronenberg als summus consiliarius und vicedominus des Erzbischofs von Mainz genannt; ob der „her olrich" des etwa 1383 zu datierenden Eintrags im Schuldbuch?

gewiesen werden[1]. Vornamen wie Klesgen, Hensgen, Henne, Peder sind im spätmittelalterlichen Mainz sehr beliebt.

Die *Mundart* der Texte ist rheinfränkisch. Ernst Schwarz begründete auf meine Bitte seine Ansicht über den Dialekt des Schuldbuchs in folgender Weise: Für mhd. î wird noch i, für mhd. uo wird o, für mhd. o wird uo (ruogke) geschrieben; für Dienstag erscheint die Schreibung densdag (IIIaα 10, Vaβ 7), mhd. i wird auch bei Dehnung e geschrieben (messersmet Vbα 9, 14), für ch in der Verkleinerung „chen" wird g geschrieben (hensgen), was darauf deutet, daß g als Reibelaut gesprochen wurde. Für mhd. eu trifft man ei (virkeiffen IVbβ 6), ebenso für mhd. iu (beidel IVbβ 3); beides deutet darauf, daß wir in einer Landschaft sind, die entrundet. Von ausschlaggebender Bedeutung ist die Schreibung pingisten (IIbβ 29) für Pfingsten, die uns im Zusammenhang mit den vorgenannten Erscheinungen in die *rheinfränkische Sprachlandschaft* führt.

Die Mundart des Schuldbuchs steht im Einklang mit den aus dem Inhalt abgeleiteten Indizien. Mainz ist der Hauptort der rheinfränkischen Sprachlandschaft. In Mainz wurde das Schuldbuch geführt, dessen Reste sich auf so merkwürdige Weise bis heute erhalten haben. Die Entstehungszeit der erhaltenen Blätter des Schuldbuchs ist durch die vorkommenden Daten auf 1383/84 (Blatt II und V) und 1392/93 (Blatt III und IV) eindeutig festgelegt. Der Tuchhändler, dem das Schuldbuch gehörte, muß ein Angehöriger des Mainzer Stadtpatriziats gewesen sein, also der gleichen Gesellschaftsschicht angehört haben, aus der Gutenberg stammte. Das Recht des Gewandschnittes in den Tuchhallen, den „Gaden", war in Mainz wie in vielen nord- und mitteldeutschen Städten[2] ein Privileg der alten Familien, „der alden under den gaden". Erzbischof Sigfrid III. bestätigte 1239 „unsern burgern, die wollenduch plegen zu keyfen" in dem sogenannten Gadenbrief[3] dieses Monopol; er stellt ausdrücklich fest, „daz keine ander understehe, wollenduch zu sniden zu virkeyfen".

Die Untersuchung der handschriftlichen Texte der Krakauer Probedrucke ist für die Druckgeschichte nicht von entscheidender Bedeutung, da die Mainzer Provenienz der Blätter nur Bekanntes bestätigt. Trotzdem schien es angebracht, den Text möglichst vollständig wiederherzustellen, weil die Quelle für die Mainzer Stadtgeschichte, für die Wirtschaftsgeschichte und für die Sprachgeschichte von Interesse sein kann. Ich muß es den Kennern der geschichtlichen Vergangenheit der Stadt Mainz überlassen, die in den Texten genannten Personennamen näher zu untersuchen. Der Wirtschaftsgeschichte wird es willkommen sein, die datierten Mainzer Belege für Textilpreise und Tuchsorten mit dem bereits bekannten Material vergleichen zu können. Auch für die Sprachforschung wird mit der Heimatbestimmung und Datierung der Mainzer Bruchstücke ein erwünschter Ansatzpunkt für die Kenntnis der altrheinfränkischen Mundart gewonnen. Die Mundart der Rheingegenden ist seit dem Ende des Mittelalters in starkem Ausmaße von sprachlichen Neuerungen, die von Osten und Südosten vordringen, überflutet worden[4]; die Stellung des Textes in diesem Zusammenhang wäre zu prüfen. So ist zu erwarten, daß sich den handschriftlichen Texten der Krakauer Fragmente in den hier angedeuteten Richtungen noch nützliche Ergebnisse abgewinnen lassen.

In unserem Zusammenhang halten wir als wichtiges Ergebnis fest, daß die Blätter II—V der Krakauer Probedrucke auf das engste zusammengehören; sie sind Reste eines in den letzten Jahrzehnten des 14. Jahrhunderts geführten Schuldbuchs eines Mainzer Gewandschneiders. Es ist nicht wahrscheinlich, daß ein solches für den eigenen Hausgebrauch bestimmtes Geschäftsbuch aus Mainz entfernt wurde, bevor es als inhaltlich uninteressant gewordenes Altpapier in eine Druckerei gelangte. Für die Entstehung der Korrekturabzüge in Mainz sind die handschriftlichen Texte somit ein sehr starkes Argument; für eine genauere Datierung der Drucke ergeben sie nichts.

[1] Nach freundlicher Mitteilung von Richard Dertsch sind folgende Personen im verzettelten Urkundenmaterial des Mainzer Stadtarchivs nachweisbar: *Heintze Schultheis*, als Fürsprech am weltlichen Gericht 1388—1419 genannt, seit 1373—1386 Diener des Richters Wasmud. — Ein *Heintze Mantze* als Bürger zu Mainz 1392 genannt. — Ein *Peder Dochscherer*, wohnhaft auf der Umbach, erscheint 1392. — Ein *Henne Salmann* (zum Alten Schultheissen) als Ratsherr 1392—1399 genannt, als Bürgermeister 1406—1410.

[2] Über die Gadenleute im benachbarten Frankfurt vgl. Alexander Dietz, Frankfurter Handelsgeschichte, Frankfurt a. M., I (1910), S. 179f.

[3] Text in Deutsche Städtechroniken 17, S. 5f. Erläuterungen von C. Hegel dazu ebenda 18, 2. Abtheilung, S. 65f.

[4] Vgl. Aubin-Frings-Müller, Kulturströmungen und Kulturprovinzen in den Rheinlanden. Bonn 1926.

III. Text und Typographie der Probedrucke

Es sind nunmehr die Drucke selbst auf Text und Typographie zu untersuchen. Wir gehen von folgenden allgemeinen Feststellungen aus:

Zu den Texten: Blatt Ia enthält Teile des Februarabschnittes, Blatt Ib Teile des Januarabschnittes aus dem sogenannten Astronomischen Kalender (AK) für 1448[1]. Blatt IIa enthält zwei Textstücke aus der Vulgata (Genesis III, 19—IV, 3; IV, 8—16). Die Blätter III—V enthalten verschiedene Teile aus der Ars minor des Donatus in der von Schwenke[2] ermittelten Textredaktion der frühen Mainzer Ausgaben.

Zur Typographie: Die Drucke sind infolge der Technik des Bürstenabzugs sehr deutlich und lassen alle Einzelheiten der Schrift erkennen. Auch die Gevierte und Halbgevierte des neben oder zwischen den Spalten befindlichen Ausschlusses sind z. T. mit zum Abdruck gekommen (Blatt II, III, IV)[3].

Die Schrift selbst wirkt außerordentlich klar und scharf. Sie zeigt keine Spuren von Abnutzung und hält gut Linie. Offensichtlich handelt es sich um eine neu gegossene Type. Ihr übereinstimmend guter und frischer Zustand auf den Blättern I, II, III, IV (der Abklatsch V muß hier außer Betracht bleiben) läßt, ebenso wie die gemeinsame Überlieferung, auf gleichzeitige Entstehung der Probedrucke schließen.

Die für alle fünf Abzüge verwendete Schriftart ist eine für Mainz bezeugte Vorstufe der Type der 36zeiligen Bibel (B 36), die in der Literatur verschieden benannt wird. Von Schwenke wurde sie zunächst als „Donat- und Kalendertype" bezeichnet[4]. Später hielt er diese zusammenfassende Bezeichnung nicht aufrecht, sondern unterschied von der (nach ihm eng zusammengehörigen) Type des AK und des 26zeiligen Berlin-Trierer Donats (D 26) eine ältere „Donattype", mit der auch das sogenannte Fragment vom Weltgericht gedruckt wurde, und eine jüngere „Kalendertype", die mit dem Türkenkalender Ende 1454 auftritt[5]. Diesen drei Zuständen[6] stellte Zedler, dessen Auffassungen ebenfalls gewisse Wandlungen erfahren haben, zuletzt vier Stufen der „älteren Gutenbergtype" gegenüber. Der AK gehört nach ihm zur zweiten, der D 26 zur vierten Stufe dieser Type[7]. Die Krakauer Probedrucke nun zeigen einen Typenzustand, der mit dem der AK-D 26-Type Schwenkes („Übergangstype"), bzw. der zweiten und vierten Stufe der älteren Gutenbergtype Zedlers übereinstimmt. Nach Schwenke wurde die AK-D 26-Type 1447 und in den folgenden Jahren von Gutenberg verwendet, nach Zedler wurde der AK (zweite Stufe der älteren Gutenbergtype) Ende 1447 von Gutenberg, der D 26 (vierte Stufe der älteren Gutenbergtype) aber Ende 1455 von Fust und Schöffer gedruckt.

Wir lassen diese Theorien Schwenkes und Zedlers und ihre Widersprüche zunächst beiseite und stellen weiterhin fest, daß nur der AK (Blatt I) einen Vergleich von Korrekturzustand und Reindruck erlaubt. Der Bibeldruck, von dessen zunächst beabsichtigter Form wir durch Blatt II erstmalig erfahren, ist in der B 36 auf völlig andere Weise schließlich durchgeführt worden, und die Donatausgabe der Blätter III—V ist nicht erhalten. Wir beginnen daher zweckmäßigerweise mit einer Vergleichung des Krakauer AK-Probedrucks und des Wiesbadener AK-Reindrucks.

[1] GW 1285; Textabdruck bei Zedler, Die älteste Gutenbergtype, VGG I (1902), S. 6f. und im Anhang dieser Veröffentlichung, kommentiert von Viktor Stegemann.

[2] Die Donat- und Kalendertype, VGG II (1903), S. 35ff.

[3] Gleichartige Gevierte hatte Schwenke bereits im Pelpliner Exemplar der B 42 als Blinddruck beobachtet, vgl. Untersuchungen zur Geschichte des ersten Buchdrucks, Festschrift zur Gutenbergfeier, hrsg. von der Kgl. Bibliothek zu Berlin, 1900, S. 45.

[4] VGG II (1903).

[5] Die Türkenbulle Papst Calixtus III. Hrsg. von Paul Schwenke und Hermann Degering. (Seltene Drucke der Königl. Bibliothek zu Berlin I) 1911, S. 2ff.

[6] Er bezeichnete die drei Zustände später als Donattype, Übergangstype und Kalendertype. Die „Donattype" ist der älteste Zustand, die „Übergangstype" erscheint mit gewissen Variationen im AK für 1448, im (von Schwenke auf 1448—50 datierten) D 26, im 31zeiligen Ablaßbrief, von 1454/55, um dann später von der Type der B 36 abgelöst zu werden, während die „Kalendertype" Ende 1454 bis gegen 1457 (Türkenkalender, Türkenbulle, Laxierkalender sind die Zeitmarken dieses Typenzustandes) sich in fremder Hand verselbständigt hatte. Diese Darstellung gab Schwenke zuletzt in „Die Mainzer Donatdrucke der Staatsbibliothek", in: Fünfzehn Jahre Königliche und Staatsbibliothek, Berlin 1921, S. 34f.

[7] Gutenbergs älteste Type und die mit ihr hergestellten Drucke. VGG XXIII (1934).

1. Der Astronomische Kalender für 1448

Bekanntlich ist auch der Reindruck des AK nur fragmentarisch erhalten. Die beiden Stücke des Wiesbadener Exemplars[1] enthalten den Text der Monate Januar bis April. Die dort fehlende Zeile des Februar ist im Korrekturzustand in Krakau vorhanden. Ein merkwürdiger Zufall ist es, daß die Krakauer Probeabzüge ebenfalls zum ersten Drittel des AK-Textes gehören. Man hat vermutet, daß überhaupt nur dieses erste Drittel als „ein mit besonderer Sorgfalt ausgestatteter Musterdruck" die Presse verlassen habe[2]. Auf die Frage, ob der AK ein ohne Rücksicht auf den Inhalt hergestellter Werbedruck gewesen ist, und damit auf die Frage der Datierung des AK kommen wir später zu sprechen (S. 33). Daß nur das erste Drittel des AK-Textes gedruckt wurde, ist unwahrscheinlich. Gegen eine solche Vermutung sind die Proportionen der Seitenränder[3] anzuführen, welche auf einen dreispaltigen Druck großen Formats schließen lassen. Wären nur die zwei Stücke, die in Wiesbaden erhalten sind, gedruckt worden, so müßte man eine andere Anordnung des Satzes erwarten. Es bestand in diesem Fall für den Setzer kein Grund, den Text des Januar so tief beginnen zu lassen, daß der Text des Februar auf dem oberen Stück 1 abgebrochen und auf dem unteren Stück 2 fortgesetzt werden mußte. (Im Krakauer Korrekturblatt ist der Februartext fortlaufend gesetzt.) Das Natürliche wäre gewesen, den Text der Monate Januar bis April auf die beiden Stücke so zu verteilen, daß die Abschnitte März und April auf das zweite Stück zu stehen kamen. Die abweichende Verteilung, wie das tiefe Herabziehen des Textanfanges überhaupt, kann — wie schon Schwenke bemerkt — am besten durch die Annahme erklärt werden, „daß in der verlorenen zweiten Kolumne hier eine Überschrift angebracht war"[4]. Das Vorhandensein einer erklärenden Überschrift ist mir aus inhaltlichen Gründen sehr wahrscheinlich. Die Möglichkeit, daß etwa die ganze 61zeilige Kolumne (Januar bis April) von einer Form gedruckt wurde, ist bei dem technisch schwierigen und tadellos ausgeführten Pergamentdruck kaum in Betracht zu ziehen[5]. Bei einer Kegelhöhe der DK-Type von etwa 83 mm für zehn Zeilen ergäbe sich für 61 Zeilen ein Druckspiegel von etwa 50 zu 19 cm. Der größte sonst bekannte Druck in dieser Type hat 40 Zeilen; er wurde schließlich in einer auf 36 Zeilen verminderten Größe ausgeführt (B 36). Ich halte daher die Annahme Zedlers und Schwenkes für gut begründet, daß der Einblattdruck des AK aus sechs Stücken zusammengeklebt war[6], und daß also von diesem Einblattdruck nicht nur die erhaltene Kolumne Januar bis April, sondern zwei weitere Kolumnen mit den Monaten Mai bis August und September bis Dezember tatsächlich existiert haben. Die von Zedler und Schwenke nicht erwogene Möglichkeit, daß die sechs Stücke nach Art eines Leporello-Albums miteinander verbunden gewesen sein könnten, kann wegen der oben bereits hinreichend besprochenen Anordnung des Satzes ausscheiden. Der ganze Einblattdruck muß eine Höhe von etwa 65 cm und eine Breite von mindestens 75 cm gehabt haben. Die Zeilen sind, wie der Krakauer Probedruck beweist, um etwa 5 mm länger als Schwenke vermutete; auch möchte ich annehmen, daß die Zwischenräume der Kolumnen breiter waren, als sie bisher mit 2 cm angenommen wurden. Also ein ansehnlicher Druck, der in frischem Zustande mit seiner tiefschwarzen kraftvollen Schrift, seinen handgemalten farbigen Initialen[7] und Rubrikzeichen recht eindrucksvoll gewesen sein muß.

Satz und Druck des AK sind eine Leistung, die zwar mit der 42zeiligen Bibel oder mit dem Psalter von 1457 nicht verglichen werden kann, die aber doch von Überlegung und Sorgfalt zeugt. Die hohe Qualität des

[1] Das Original, das während des Krieges in einen Bergungsort außerhalb Wiesbadens verbracht war, ist seit 1945 verschwunden.

[2] Hupp, Das Bild Gutenbergs. GJ 1935, S. 23.

[3] Abb. bei Zedler, Die älteste Gutenbergtype, VGG I (1902), Tafel I, und im farbigen Lichtdruck bei Burger, Monumenta typographica, Tafel 184.

[4] VGG II (1903), S. 9. Dazu Zedler, VGG XXIII (1934), S. 52.

[5] Karl Dieterichs, Die Buchdruckpresse von Johann Gutenberg bis Friedrich König, 1930, S. 14, hat vermutet, daß der AK in zwei Tempi von der vollen dreispaltigen Satzform gedruckt sei, was Zedler, VGG XXIII (1934), S. 50ff. mit Recht bezweifelt.

[6] Ob die von Zedler beobachteten Spuren eines Klebrandes eindeutig sind, lasse ich dahingestellt (vgl. VGG XXIII (1934), S. 51f).

[7] Daß die Initialen mit der Hand eingemalt sind, wurde von Juchhoff, ZfB 57 (1940), S. 213, Anm. 1, gegen Zedler, VGG XX (1920), S. 20f.; XXIII (1934), S. 53 und GJ 1937, S. 31 nach Einsichtnahme des Originals einwandfrei festgestellt. Zu dem gleichen Resultat gelangte K.F. Bauer, Aventur und Kunst, 1940, S. 6. Damit wurde die Ansicht Hupps, GJ 1935, S. 22, Anm. 1 bestätigt.

Reindrucks ist allerdings nur an den rechten, vom Buchbinderleim nicht beschädigten Rändern der Wiesbadener Fragmente ungemindert erhalten. Eine Gegenüberstellung von Korrekturzustand und Reindruck ermöglicht jetzt einen erwünschten Einblick in die Arbeitsweise und Satztechnik des AK-Druckers. Man vergleiche Tafel 1 (Probedruck aus dem Februartext) mit Tafel 2 (Reindruck des Februartextes; an der Schnittstelle fehlt eine Zeile) und Tafel 3 (Probedruck aus dem Januartext) mit Tafel 4 (Reindruck des Januartextes). Krakau, Blatt Ib, Z. 1—5, entspricht Wiesbaden Textzeile 3 (ungefähr Mitte) bis Textzeile 8 (ungefähr Mitte) des Januarabschnittes. Die übrigen Zeilen des Januartextes sind in Krakau über und unter dem eingefärbten Satz noch in schwachen Farbspuren erkennbar. Unter den fünf Zeilen folgten weitere sechs Zeilen, von denen die letzte nur das Schlußwort „zeichens" enthielt. Über den fünf Zeilen müssen sich zwei Zeilen befunden haben, von denen die zweite noch Spuren hinterlassen hat; die erste ist abgeschnitten. Der Drucker hat den abgezogenen fünf Zeilen des Januartextes nur wenig Farbe gegeben; im Original wirken sie fast grau. Daß die übrigen Zeilen schon einmal eingefärbt waren, beweisen die erwähnten Spuren. Wir haben es also bei Blatt Ib mit einem Revisionsabzug zu tun, dem mindestens ein Korrekturabzug vorangegangen ist.

Folgende *Satzunterschiede* zwischen Korrektur und Reindruck sind zu beobachten:

1. Der Korrekturzustand hat im Februartext (Ia) neben 11 runden a an 18 Stellen *eckiges a*, das im Reindruck des AK niemals erscheint. Im Januartext (Ib) steht im nicht eingefärbten Teil des Satzes auf dem Korrekturblatt ebenfalls ein eckiges a[1].

2. Der Korrekturzustand hat neunmal *getrenntes de*, wo im Reindruck die zusammengesetzte Form des de erscheint (a 2, zweimal in a 4, a 8, a 9, b 3, zweimal in b 4).

3. Der Korrekturzustand hat einmal die *zusammengesetzte Form des de*, wo im Reindruck die getrennte Form des de erscheint (b 4).

4. Der Korrekturzustand hat zweimal die Zahl „x" nicht in Punkte eingeschlossen (a 10). Der Reindruck zeigt bei der ersten x die Punkte (die zweite x gehört zu der in Wiesbaden fehlenden Zeile)[2].

5. Der Korrekturzustand des Februartextes (Ia) hat an den beiden Stellen, an denen die Angaben über die Planetenörter beginnen, keine Interpunktion und keine Spatien. Im zweiten Falle beginnt der neue Sinnabschnitt auf der folgenden Zeile mit einem kleinen Buchstaben. Das ist im Reindruck geändert: „nuwe . Vnd" statt „nuwe Vnd (a 3); „foll . Vnd" statt „fol // vñ" (a 9, 10).

6. Der Korrekturzustand hat im Januartext (Ib 4) vor Beginn des zweiten großen Sinnabschnitts (Termin des Vollmonds) Interpunktion und ein Spatium von etwa 5 mm. Im Reindruck ist die Interpunktion beseitigt und das Spatium auf etwa 9 mm vergrößert. Im Korrekturzustand des Februartextes (Ia 8) fehlt an der gleichen Stelle die Interpunktion, aber das Spatium von 5 mm ist im Reindruck ebenfalls beträchtlich erweitert, so daß das letzte Wort der Zeile (den) zur folgenden Zeile gezogen werden mußte. Diese Änderungen hatten den Zweck, genügenden Platz für die großen farbigen Rubrikzeichen zu schaffen.

7. Der Korrekturzustand hat im Januarabschnitt (Ib) einen stark abweichenden Zeilenumbruch, da der Zeileneinzug der ersten beiden Textzeilen (im Krakauer Druck nicht eingefärbt, aber Zeile 2 noch erkennbar) nur je 16 mm betrug, wie in den übrigen Monatsabschnitten oder in der B 36. Im Reindruck des AK sind dagegen vier Zeilen um je 32 mm eingezogen, weil der Setzer einen größeren Raum für die Initiale gewinnen wollte.

8. Der Korrekturzustand hat in fünf Fällen Kürzungen, wo sie im Reindruck fehlen: d' statt der (a 5), dē statt dem (a 10), erstē statt ersten (b 2), g̃de statt grade (a 5, a 8).

9. Der Korrekturzustand hat in zwölf Fällen Kürzungen, die der Reindruck anwendet, nicht: dem statt dē (a 6, b 2, b 4), der statt d' (a 3, a 6, b 5), desselben statt desselbē (a 9, b 4, b 5), grade statt g̃de (b 4), mitternacht statt mitt'nacht (b 5), vren statt vrē (b 5).

[1] Vier Zeilen (= etwa 3 cm) unter der letzten eingefärbten Zeile, genau unter dem Spatium zwischen den Worten „Mitternacht" und „ist", Die Feststellung ist nur am Original mit der Leuchtlupe möglich. Es ist das a in dem Wort „grade" (Reindruck: vorletzte Zeile des Januartextes). Das d des nächsten Wortes „des" ist auch im Faksimile (Tafel 3) noch recht gut wahrzunehmen.

[2] Nur einzeln stehende x, nicht die zusammengesetzten römischen Zahlen werden im AK in Punkte eingeschlossen.

10. Der Korrekturzustand schreibt abweichend: februarij statt Februarij (a 2), fol statt foll (a 9), off statt of (a 2), waſſergieſſers statt waſzergieſzers (a 7). In einem Fall unterscheidet sich auch der Wortlaut: weſſerers statt waſſergiessers (b 3).

Diese Beobachtungen erlauben verschiedene Rückschlüsse. Der Drucker hat sich mit dem Satz des AK einige Mühe gemacht, was man ja bereits z. B. aus der sorgfältigen Anwendung der Anschlußformen und aus dem Vermeiden häßlicher Buchstabenformen (schiefes ſ, hohes t) im Reindruck entnommen hatte[1]. Das günstige Urteil über den AK erhält durch die Kenntnis des Korrekturzustandes neue Beweisgründe. Der Setzer, der so zahlreiche Änderungen am stehenden Satz vornimmt, hat sich nicht mit dem ersten besten Ergebnis seiner Arbeit begnügt. Er macht nicht nur einen, er macht mehrere Korrekturabzüge. Er entfernt sorgfältig alle Exemplare einer Buchstabenform, die ihn nicht befriedigt. Er beobachtet gewisse Regeln bei dem Satz römischer Ziffern und großer Buchstaben. Er denkt an eine sinnvolle und gefällige Gliederung des Satzbildes durch Interpunktion und Rubrikzeichen. Er überlegt, daß der erste Textabschnitt durch eine größere Initiale hervorzuheben sei und schafft hierfür nachträglich durch Änderung des Zeileneinzuges die Möglichkeit.

Wie der Korrekturzustand des Februartextes (Tafel 1) zeigt, ist auch die *Ausrichtung der Kolumne* im AK recht gut. Dem Januartext fehlen leider die Zeilenschlüsse ebenso wie dem Reindruck. Der Zeilenschluß des Blattes Ia ist, soweit man nach den vorhandenen zehn Zeilen urteilen kann, jedenfalls erheblich sorgfältiger als im Fragment vom Weltgericht, in der Türkenmahnung für 1455 oder in der Türkenbulle von 1456 und den verwandten Drucken[2]. Von zehn Zeilen des Blattes Ia (Tafel 1) enden neun ziemlich gleichmäßig, nur die mit dem Wort „Venus" beginnende sechste Textzeile bleibt deutlich um etwa 3 mm zurück. Bei der Eigenart des Textes war schwer Abhilfe zu schaffen und es ist sehr aufschlußreich, wie der Setzer das Problem gelöst hat. An dem Reindruck des AK war bereits aufgefallen, daß bald „waſſergieſſers" (so 3. Textzeile), bald „Waſzergieſzers" (so 6. Textzeile) gesetzt ist (vgl. Tafel 2). Zedler wollte aus dieser Tatsache sehr gewichtige Folgerungen ableiten: „Meines Erachtens darf man den Grund davon wohl in dem Mangel eines ausreichenden Vorrats der Ligatur ſſ in der Hauptform sehen und daraus den Schluß ziehen, daß die Type des Astronomischen Kalenders nur in einem sehr beschränkten Umfang gegossen war. Daraus erklärt es sich weiter, daß uns die Type in dieser Reinheit in keinem weiteren Druck entgegentritt[3]." Die Hypothese Zedlers ist unrichtig, denn der Krakauer Korrekturzustand hatte in der sechsten Textzeile gleichfalls die Form „waſſergieſſers" (vgl. Tafel 1). Warum aber hat der Setzer für den Reindruck in Zeile 6 die ſz eingesetzt? Weil sie breiter liefen als die schmalen Ligaturen ſſ, und er so etwa 2 mm und damit einen besseren Kolumnenabschluß auch für die sechste Textzeile im Reindruck gewann. Es ist also gar nicht zu bezweifeln, daß der Setzer im AK eine gleichmäßige Ausrichtung der Kolumne angestrebt hat.

Die *Kürzungen* und die aus zwei Teilen zusammengesetzte Ligatur de werden ohne System und ganz nach Bedarf angewendet. Dasselbe Wort (z. B. „grade") wird in der Korrektur gekürzt und im Reindruck nicht gekürzt, oder in der Korrektur nicht gekürzt, aber im Reindruck gekürzt. Methodisch ist daraus zu entnehmen, daß aus dem häufigen oder selteneren Vorkommen von Kürzungen in der DK-Type keine weitreichenden Schlüsse gezogen werden können. Es ist nur die jeweils zweckmäßige Raumausnützung, die den Setzer bestimmt, ein Wort zu kürzen oder nicht. Neben den *Ligaturen* für de finden sich auch noch im Reindruck zahlreiche getrennte de. Übrigens ergibt die Prüfung der gerade in den Bürstenabzügen der Krakauer Probedrucke

[1] Vgl. z. B. Schwenke, Donat- und Kalendertype, VGG II (1903), S. 9f.; Hupp, Zum Streit um das Missale speciale Constantiense, 1917, S. 78ff.; Zedler, Gutenbergs älteste Type, VGG XXIII (1934), S. 48ff. „Vergleicht man den Astronomischen Kalender mit den früheren und späteren Gutenbergdrucken, so steht er, was Type, Satz und Druck anlangt, an erster Stelle", urteilt Zedler S. 53, wobei zu berücksichtigen ist, daß Zedler in seinen neueren Schriften die 42zeilige Bibel nicht mehr für einen Druck Gutenbergs hält.

[2] Zedler vermutete bereits in: Die älteste Gutenbergtype, VGG I (1902), S. 12, für den AK das „Streben nach einem einigermaßen leidlichen Zeilenabschluß" und stellte fest, daß man wenigstens für den Text des April bei einem Rekonstruktionsversuch „eine verhältnismäßig recht gut ausgeschlossene Kolumne" erhalte. 1934 meint Zedler allerdings: „Wir haben aber allen Grund, zu vermuten, daß der Kalender in dieser Beziehung von den anderen Gutenbergdrucken . . . nicht abgewichen ist", VGG XXIII (1934), S. 50. Zedlers ursprüngliche Ansicht war die richtige. „Gutenbergdrucke" sind nach Zedler die Drucke in der DK-Type mit Ausnahme des D 26, der allein eine gute Ausrichtung der Kolumne hat.

[3] VGG XXIII (1934), S. 50.

besonders deutlichen Ligaturen von ba, be, c mit hohem t, de, do, pa, pe unter der Leuchtlupe, daß diese *stets* aus zwei Teilen zusammengesetzt, also keine echten Ligaturen sind, auch wenn das Auge den feinen dunklen Streifen zunächst nicht wahrnimmt, der durch die in die Spalte zwischen beiden Lettern eingedrungene Farbe entsteht[1]. Dagegen erscheint für die Verbindung von ſ mit t in den Krakauer Probedrucken neben der getrennten Form mit sehr hohem „t 2" eine echte, d. h. vom gemeinsamen Stempel stammende und aus gemeinsamer Matrize gegossene Ligatur. Ferner sind ff und ſſ echte Ligaturen[2]. Die echte Ligatur ct, die in der B 36 auftritt[3], und die echte Ligatur pp fehlen in den Probedrucken.

Methodisch lehrreich ist das häufige Vorkommen des *eckigen a* in dem Korrekturzustand des AK. Während in dem Reindruck des AK, soweit er erhalten ist, unter etwa hundert runden a kein einziges eckiges a zu sehen ist, stehen allein in den elf Zeilen des Krakauer Februarabschnittes schon achtzehn eckige a. Das beweist einmal mehr, wie mißlich es ist, aus einem wenig umfangreichen Fragment Schlüsse e silentio auf die tatsächliche Zusammensetzung eines Setzkastens zu ziehen[4]. Das eckige a, das schon im Pariser Donat auftritt[5], kommt in den Drucken der DK-Type nur vereinzelt vor; im Verlaufe des B 36-Druckes verschwindet es ganz, weil der Bestand an vorhandenen, aber nur ungern verwendeten Lettern offenbar jetzt abgeschliffen und für Ligaturen verbraucht wird. Daß dieser Bestand nicht gering war, können wir aus den AK-Probedrucken entnehmen, in denen uns die Form neunzehnmal begegnet. Auf diese Tatsache ist in anderem Zusammenhang zurückzukommen (vgl. S. 41). Eine weitere Behandlung der Type des AK ist hier nicht erforderlich, da sie in den mehrfach zitierten Schriften von Schwenke und Zedler ausführlich genug besprochen ist[6] und somit nur Bekanntes wiederholt werden könnte.

Einige der oben mitgeteilten Beobachtungen über die Unterschiede zwischen Korrektur und Reindruck des AK legen einen Gedanken nahe, dem nachzugehen sich lohnt. Aus den Punkten 6 und 7 unserer Beobachtungen folgt, daß der Setzer in geradezu auffallender Weise die zukünftige Ausmalung des Druckes mit Initialen und Rubrikzeichen in seine Überlegung einbezieht. Er läßt nicht nur Platz — das wäre selbstverständlich — für eine solche Ausmalung, sondern er macht sich offenbar genau klar, wie sie im einzelnen beschaffen sein soll; sonst wären die vorgenommenen Änderungen nicht zu verstehen. Das scheint mir darauf zu deuten, daß Ausmalung und Rubrizierung in der Werkstätte des Druckers oder doch wenigstens in seiner Regie durch einen von ihm beauftragten Rubrikator erfolgen und also nicht dem Käufer überlassen bleiben sollten, ein Verfahren, das auf dem

[1] Ich bemerke das ausdrücklich, weil Schwenke bei der Analyse des Berlin-Trierer D 26 über diesen Punkt im Zweifel war; vgl. Schwenke, Die Mainzer Donatdrucke der Staatsbibliothek, in: Fünfzehn Jahre Königliche und Staatsbibliothek, Berlin 1921, S. 35: „... und zwar scheinen es feste Verbindungen zu sein wie in der 42zeiligen, nicht Zusammensetzungen abgeschliffener Buchstaben wie in der 36zeiligen Bibel". Vgl. auch in: Johannes Gutenbergs zweiundvierzigzeilige Bibel, Ergänzungsband z. Faks. Ausgabe, Leipzig 1923, S. 33. In seiner ersten Veröffentlichung über den D 26 äußert Schwenke diese Hypothese noch nicht, vgl. ZfB XXVII (1910), S. 67. Wallau vermutete, daß die Verbindungen von de und do zusammengelötet waren, vgl. Das Mainzer Fragment vom Weltgericht..., VGG III (1904), S. 28f.; Hupp (Zum Streit um das Missale speciale Constantiense, 1917, S. 87) ließ die Frage offen, ob die Typen „nebeneinandergestellt oder zusammengelötet" sind.

[2] Vgl. schon Zedler, Die älteste Gutenbergtype, VGG I (1902), S. 46.

[3] Vgl. Schwenke, Gutenberg und die Type des Türkenkalenders, ZfB XVIII (1901), S. 290 mit Anm. 1.

[4] Auch die Setzerpraxis kann auf den Seiten desselben Druckes sehr wechseln, wie Kattermann an dem von ihm aufgefundenen 30zeiligen Donat in der DK-Type nachweist, vgl. Beiträge zur Inkunabelkunde, N. F. II (1938), S. 72. Man vgl. hierzu, was Hupp über Setzereigentümlichkeiten im Missale speciale berichtet: Gutenbergs erste Drucke, 1902, S. 10f. und: Zum Streit um das Missale speciale Constantiense, 1917, S. 80, Anm. 1.

[5] Bl. 5a Z. 1 (audior), vgl. VGG I (1902) Taf. II, steht deutlich ein eckiges a. Nach Zedler (VGG I, S. 45) ist es mit dem eckigen a der B 36 „keineswegs identisch und verdankt seine Gestalt wohl nur einer verunglückten oder ausgeleierten Matrize". 1911 (VGG X/XI, S. 105f.) lesen wir dagegen bei Zedler über das a der B 36: „Das kantige a, das schon im Pariser Donat vorkommt (sic!) und mithin zum ältesten Bestand der großen Bibeltype gehört..." 1934 (VGG XXIII, S. 87) hat Zedler seine Meinung abermals geändert, denn nun heißt es, das a des Pariser Donats sei ein „undeutliches gewöhnliches a". „Das eckige a läßt sich in lateinischen Drucken der drei ersten Stufen der ältesten Gutenbergtype nicht nachweisen... Erst im Türkenkalender 1b 15 begegnet uns ein eckiges a." Das ist unrichtig. In den 30zeiligen Donaten, die nach Zedler zur „zweiten Stufe" der ältesten Gutenbergtype gehören, kommt das eckige a bestimmt in GW 8692 und 8693, vielleicht auch in 8691 vor, in den 27zeiligen Donaten (nach Zedler „dritte Stufe" der Type) ist es zweifelsfrei in GW 8682, 8683, 8684, 8685, 8686 zu beobachten. Da der Pariser Donat (GW 8678) nach Zedler zur „ersten Stufe" der Type gehört, ist das eckige a, das auch in der Türkenbulle und im Kiewer Provinciale Romanum (in diesem neunmal) begegnet, bis zum Beginn des B 36-Druckes für alle Entwicklungsstufen der Type zu belegen und die von Zedler, VGG XXIII, S. 87 angestellten Überlegungen erübrigen sich.

[6] Am präzisesten bei Schwenke, Die Donat- und Kalendertype, VGG II (1903), S. 9f.

Gebiete des Bucheinbandes eine Entsprechung in den sogenannten „Verlegerbänden" hat[1]. Man könnte so von „*Verlegerrubrizierung*" sprechen. Mir fiel schon immer auf, daß der deutsche Cisioianus (GW 7054) und der Laxierkalender für 1457 (GW 1286) oder die Türkenmahnung (Hain 10741) und die Türkenbulle (GW 5916) in ähnlicher Technik rubriziert sind[2] und daß auch in der Rubrizierung der übrigen Drucke in der DK-Type auffallende Übereinstimmungen zu bemerken sind. Der 30zeilige Oxforder Donat (GW 8691) zeigt zu Anfang das gleiche plumpe P, wie der 26zeilige Berlin-Trierer Donat (GW 8674)[3]. Unzweifelhaft von der gleichen Hand stammt ein charakteristisch geformtes F von geschwungenem Duktus, bei dem der obere mit dem unteren schräg aufwärtsgeführten Seitenbalken durch eine unten geperlte Querlinie verbunden ist; es kommt vor im Berlin-Trierer 26zeiligen Donat (GW 8674), im Londoner 27zeiligen Donat (GW 8682) und in den 30zeiligen Donaten Karlsruhe (GW 8692) und Krech (GW 8693)[4]. Das L des Darmstädter 27zeiligen Donats (GW 8676)[5] und das A des Berlin-Heiligenstädter 27zeiligen Donats b (GW 8679)[6] sind durch eine ganze Reihe anderer Donate zu verfolgen; ein ähnliches A findet man auch in dem Kiewer Provinciale Romanum[7]. Die Donate in der Type der 42zeiligen Bibel zeigen in ihrer Rubrizierung keine so enge Verwandtschaft[8]. Diese Betrachtungsweise kann hier nicht durchgeführt werden. Jedoch verdient es für unsere Untersuchung festgehalten zu werden, daß der 26zeilige Donat Berlin-Trier (GW 8674), der in manchem eine Sonderstellung einnimmt[9], trotzdem von gleicher Hand rubriziert wurde, wie andere Drucke in der DK-Type. Man wird ein solches Argument nicht überschätzen, da die Möglichkeit besteht, daß derselbe Rubrikator für verschiedene Drucker gearbeitet haben könnte. Man wird es aber auch nicht gering achten, wenn es sich zwanglos in einen bereits aus anderen Gründen gesicherten Zusammenhang einordnet. Wie wir sehen werden (vgl. S. 31), liegt dieser Fall bei dem D 26, der mit dem AK typographisch auf das engste zusammengehört, vor.

2. *Die Bibel*

In mancher Hinsicht ist das Blatt II der Krakauer Probedrucke der überraschendste Bestandteil des Fundes, so aufschlußreich der Korrekturzustand des AK auch sein mag. Das Blatt II gibt uns von einem großen Druckvorhaben Kenntnis, von dem man bisher überhaupt noch nichts wußte.

Es handelt sich um eine zweispaltig gesetzte Bibel. Wegen der Type wird man sogleich an die 36zeilige Bibel (B 36) denken, aber schon die größere Zeilenlänge des Probedruckes (9,6 cm statt 8,7 cm in der B 36) beweist, daß hier kein Korrekturzustand einer Seite der B 36 vorliegt.

Das Blatt ist am linken Rande und unten unvollständig. Aus dem Umfang des unten fehlenden Textstückes der linken Kolumne läßt sich die Zeilenzahl der vollständigen Seite erschließen. Der Text reicht links von Genesis III, 19 bis IV, 3; rechts setzt der Text mit Genesis IV, 8 wieder ein und reicht bis IV, 16. Für unsere Berechnung nehmen wir zweckmäßigerweise den Satz der in gleicher Type gedruckten B 36 als Vergleichsmaterial zur Hilfe. Den fünfundzwanzig Zeilen der linken Spalte des Probedruckes (die weggeschnittene 25. Zeile ist an den erhaltenen Oberlängen noch zu erkennen) entsprechen im Satz der B 36 fast genau sechsundzwanzig Zeilen

[1] Hierzu vgl. z. B. Knaus, Über Verlegereinbände bei Schöffer, GJ 1938, S. 97ff.

[2] Vgl. Abb. VGG II, Taf. II und VGG I, Taf. V. — Gutenberg-Festschrift der Stadt Mainz 1900, Taf. 31—35 und Türkenbulle, hrsg. von P. Schwenke, a. a. O.

[3] Vgl. Abb. VGG II, Taf. V und VGG XXIII, Taf. 31. [4] Vgl. z. B. VGG I, Taf. IX, mit VGG XXIII, Taf. 12 und 33.

[5] VGG XXIII, Taf. 2. [6] VGG XXIII, Taf. 5, 6.

[7] Vgl. Provinciale Romanum, hrsg. von B. I. Zdanevič, Kiew 1941, Taf. VII, auch bei Ruppel in: Deutsches Buchgewerbe 1 (1943), S. 73 und bei Collijn in: Nordisk Tidskrift för bok-och biblioteksväsen, XXXI (1944), S. 36.

[8] Ebenso sehe ich keinen Anlaß, für die B 42 Verlegerrubrizierung anzunehmen, wie Zedler es in „Die sogenannte Gutenbergbibel" VGG XX (1929), S. 81 und S. 100 tut. Zunächst müßte übereinstimmende Rubrizierung verschiedener Exemplare der B 42 nachgewiesen werden. Nach Zedler hat Heinrich Cremer, dessen Vermerke vom 15. und 24. VIII. 1456 über Rubrizierung und Einband sich im Exemplar Rés. A 71 der Pariser Nationalbibliothek befinden (vgl. Schwenke, Gutenbergbibel, Ergänzungsband, S. 13, Nr. 24), im Auftrage der Druckerei gearbeitet, weil das Exemplar schon 1457 im Besitz der Kirche St. Georg in Ostheim gewesen sei. Cremer braucht aber nicht im Auftrage des Verlegers, sondern kann ebensogut im Auftrage des Käufers, also der Ostheimer Kirche gearbeitet haben.

[9] Vgl. Schwenke, Neue Denkmäler des ältesten Buchdrucks in der Berliner Königlichen Bibliothek, ZfB XXVII (1910), S. 65ff.

(Blatt 8 aα, Z. 31 bis β, Z. 20); den vierundzwanzig Zeilen der rechten Spalte entsprechen im Satz der B 36 ebenfalls etwa sechsundzwanzig Zeilen (Blatt 8 bα, Z. 1—26). Der Text von sechsundzwanzig Zeilen der B 36 verlangt im Probedruck also vierundzwanzig bis fünfundzwanzig Zeilen (vierundzwanzig Zeilen, wenn glatter Satz vorliegt; fünfundzwanzig Zeilen, wenn wegen eines Kapitelanfanges mehrere Zeilen nicht voll ausgenutzt werden). Das zwischen Genesis IV, 3 und 8 fehlende Textstück hat nur glatten Satz, der in der B 36 fast genau sechzehn Zeilen einnimmt (Blatt 8 aβ, Z. 21—36). Legt man einer Berechnung also das Verhältnis von etwa 26 (Satz der B 36) zu 24 (Satz des Probedruckes) zugrunde, so können nach Zeile 25 der linken Spalte des Probedruckes nur fünfzehn Zeilen fehlen, da der Setzer des Probedruckes gegenüber sechzehn Zeilen der B 36 wohl eine, aber noch nicht zwei Zeilen im Vorteil sein kann. Die Spalte zählte demnach 25 + 15 = 40 Zeilen. Das Krakauer Blatt II ist also der fragmentarische Probedruck einer Seite aus einer 40zeiligen Bibel[1].

Die weitere Frage ist, welche Seite einer B 40 in dem Krakauer Probedruck vorliegt. Auch diese Frage läßt sich durch einen Vergleich mit der B 36 eindeutig beantworten. Das Fragment beginnt mit Genesis III, 19 „... (quia) pulvis es et in pulverem reverteris". Für den vorhergehenden Text (einschließlich der regelmäßig vorangestellten Epistula LIII S. Hieronymi ad Paulinum presbyterum) werden in B 36 vierzehn Seiten und dreißig Zeilen, also (bei Vernachlässigung aller Leerzeilen) $14 \times 72 + 30 = 1038$ Zeilen benötigt. Wenn sechzehn Zeilen der B 36 roh gerechnet fünfzehn Zeilen der B 40 entsprechen, so würde die B 40 statt 1038 nur ($15 \times 1038 : 16 =$) 973 Zeilen für den gleichen Text benötigen. Da eine vollständige Seite der B 40 zweimal vierzig Zeilen zählt, waren in der B 40 für diesen Text 973 : 80, das sind rund 12 Seiten notwendig. Die geringe Differenz von dreizehn Zeilen erklärt sich zwanglos aus der überschlagmäßigen Art unserer Rechnung. Wir können nicht wissen, wie der Setzer im einzelnen den Satz behandelt und den Raum ausgenutzt hat. Der im Korrekturzustand erhaltenen Seite müssen jedenfalls zwölf Seiten gleicher Art vorangegangen sein. Die Verteilung des Textes wird ungefähr die folgende gewesen sein. Blatt 1a—5a: Epistula S. Hieronymi, Blatt 5b: Genesis I, 1 bis 25, Blatt 6a: Genesis I, 26 bis II, 19, Blatt 6b: Genesis II, 20 bis III, 19. Hier schließt dann mit den letzten Worten von Genesis III, 19 unser Probedruck als *Blatt 7a einer 40zeiligen Bibel* an. Der Satzspiegel einer solchen Seite hatte die beträchtliche Größe von 218 × 332 mm.

Es ist nicht anzunehmen, daß der beabsichtigte Druck und bereits angefangene Satz einer 40zeiligen Bibel, deren Umfang mindestens 814 Blätter (gegen 882 Blätter der B 36) betragen haben würde, durchgeführt wurden. Sonst hätten sich Exemplare — wie von der 36zeiligen und der 42zeiligen — so auch von dieser monumentalen Bibel bis auf unsere Zeit erhalten. Wahrscheinlich hat der Drucker sein Unternehmen bald aufgegeben oder aufgeben müssen, bis es von ihm (oder einem Nachfolger?) in veränderter Form als 36zeilige Bibel durchgeführt wurde. Die Wahl des großen Satzspiegels dürfte nicht geringe technische Schwierigkeiten verursacht und eine Verringerung der Zeilenzahl empfohlen haben.

Trotzdem ist das Vorhaben als solches im Zusammenhang des frühen Mainzer Buchdrucks sehr bemerkenswert. Denn nunmehr steht fest, daß beide großen Bibeldrucke (B 42 und B 36) zunächst als vierzigzeilige geplant und begonnen wurden. Bekanntlich hat der Drucker der B 42 erst während des Reindruckes die Zeilenzahl von 40 auf 41 und schließlich auf 42 erhöht[2]. Grund für diese auffallende Änderung, die in ästhetischer Beziehung keineswegs eine Verbesserung war, kann nur der Wunsch gewesen sein, den unterschätzten oder infolge einer nachträglichen Erhöhung der Auflage gestiegenen Pergament- und Papierverbrauch durch kompresseren Satz wenigstens teilweise wieder auszugleichen[3].

[1] Die Angabe im Text zu Tafel 4 des Werkes „Deutscher Buchdruck im Jahrhundert Gutenbergs" (Leipzig 1940) ist danach zu berichtigen.

[2] Vgl. Dziatzko, Gutenbergs früheste Druckerpraxis, Sammlung bibliothekswiss. Arb. IV (1890), S. 48ff.; Schwenke, Untersuchungen zur Geschichte des ersten Buchdrucks (1900), S. 9f. und ders., Johannes Gutenbergs 42zeilige Bibel, Erg.-Bd., Leipzig (1923), S. 22ff.

[3] Es ist dabei gleichgültig, ob man annimmt, daß die Erhöhung der Auflage unmittelbarer Anlaß der besseren Ausnutzung des Satzspiegels wurde, oder ob man sich die Sache so vorstellt, wie es Zedler in: Die sogenannte Gutenberg-Bibel, VGG XX (1929), S. 56ff. tut, daß der Drucker den Papierverbrauch unterschätzt und deshalb die Kegelhöhe verringert habe, um dann nachher aus anderen Gründen die Auflage zu erhöhen. In jedem Fall war seine Absicht, Papier bzw. Pergament einzusparen. Die Aufwendungen für Pergament und Papier machten, besonders in der ersten Zeit des Buchdrucks, einen wesentlichen Teil der Herstellungskosten aus. Die Berechnungen Hupps und Schwenkes über die vermutlichen

Beide Bibeln waren also ursprünglich vierzigzeilig; sie bezeugen auch in dieser Eigentümlichkeit ihren engen Zusammenhang. Dziatzko hatte 1890 schlüssig nachgewiesen, daß B 36 mit Ausnahme weniger Seiten, die in einem älteren Druckzustand vorkommen (Bll. 1—5a, 267—268a), ein wenig sorgfältiger Nachdruck der B 42 ist[1]. Er warf weiter die Frage auf, ob etwa die wenigen Anfangsseiten der B 36, die nicht der B 42 nachgedruckt wurden, vor der B 42 gedruckt sein könnten, d. h. genauer: ob die Blätter 1 bis 5a der B 36 in ihrem älteren Druckzustand (B 36a) oder die 40-, bzw. 41zeiligen Seiten der B 42 (B 40/41) zuerst entstanden sind. Er glaubte, daß auch B 40/41 älter sei als B 36a, „ohne jedoch volle Gewißheit für dieses zeitliche Verhältnis zu beanspruchen"[2]. Schwenke hat dann 1900 gezeigt, daß als Vorlage für den Nachdruck der B 36 ein Exemplar benutzt wurde, welches aus Lagen des ersten und des am Schluß der ganzen Arbeit vorgenommenen zweiten (Ersatz-) Druckes der B 42 gemischt war. Er schloß daraus, daß der Hauptteil der B 36 nicht vor Fertigstellung der B 42 gedruckt sein kann. „Das vorausgehende selbständige Stück ist aber so verschwindend und läßt sich so wenig von dem folgenden trennen, daß wir sagen dürfen, der Beginn des Druckes von B 36 fällt frühestens mit der Vollendung der B 42 zusammen . . ."[3]. Noch genauer äußerte sich Schwenke 1901, nachdem er das Problem der B 36-Type weiter verfolgt hatte. Er unterscheidet von der in B 36 angewendeten Type einen früheren Zustand, der noch Ende 1456 (im Laxierkalender) in Gebrauch gewesen ist[4]. „Daraus folgt mit aller Sicherheit, daß der Druck von B 36 nicht vor 1457 begonnen sein kann. Ich sage ausdrücklich *begonnen*, denn auch die ersten Blätter, die noch nicht aus B 42 abgedruckt sind, zeigen genau dieselbe Entwicklungsstufe der Schrift. Die Hypothese, wonach diese Blätter ein dem 42- oder 40zeiligen Drucke vorausgehender Versuch sein sollten, den Gutenberg dem Geldgeber Fust als Probe vorgelegt habe, ist damit durchaus hinfällig[5]." Die typographische Beweisführung Schwenkes, deren Richtigkeit ich an den Originalen überprüft habe, ist von ihm selbst nachträglich entwertet worden, als er sich Zedlers Hypothese anschloß, daß der Astronomische Kalender bereits 1447 gedruckt sei. Damit gab er die „unanfechtbare Grundlage der Type" auf, von der er selbst 1901 gesprochen hatte, und machte nun den Versuch, seine guten typographischen Beobachtungen der Gutenbergtheorie Zedlers einzupassen, ein Versuch, der unbefriedigend bleiben mußte.

Die Geschichte der B 36-Type bietet, seitdem Zedler den AK gefunden und auf 1447 datiert hat, folgendes Bild: Man setzte (während man im übrigen die typographische Methode und ihre Argumente unbeachtet ließ) einige undatierte Drucke wegen ihres primitiven Zustandes vor das Datum 1447, so das Sibyllenbuchfragment, die Darmstädter, Heiligenstädter und Pariser 27zeiligen Donate, während man z. B. die typographisch ebenfalls primitive, aber datierte Türkenmahnung weiterhin Ende 1454 entstanden sein ließ. Man trennte also Drucke, die einen ähnlichen typographischen Zustand aufweisen, durch den Zwischenraum fast eines Jahrzehnts[6]. Wäre diese Konstruktion (die lediglich auf dem Datum des AK ruht) richtig, so hat sich eine Type 1445 bis 1447 in einem primitiven, Ende 1447 dagegen in einem völlig veränderten hervorragenden Zustand befunden, 1455/56 tritt sie mit beinahe allen Merkmalen ihrer ursprünglichen Unvollkommenheit auf, um dann schrittweise wieder die Qualität von 1447 zu erreichen. Den Widersinn einer solchen typographischen Entwicklung, für die es in den Drucken des 15. Jahrhunderts kein Beispiel gibt, haben Schwenke und Zedler durch eigene Theorien annehmbar zu machen gesucht. Beide sind der Ansicht, daß die Type Gutenberg zum Urheber hat. Nach Schwenke hat Gutenberg den schlechteren und primitiveren Typenzustand an andere Drucker abgegeben, die mit ihm

Unkosten des Bibeldrucks, die zu recht unterschiedlichen Ergebnissen führten, stimmen doch darin überein, daß die Posten für Papier und Pergament an erste Stelle zu setzen sind, nach Hupp bei einer geschätzten Auflage von 180 Exemplaren 360 von 750 Gulden (40,8%), nach Schwenke bei einer geschätzten Auflage von 185 Exemplaren 1350 von 2510 Gulden (60,4%).

[1] Gutenbergs früheste Druckerpraxis a. a. O. S. 95.

[2] A. a. O. S. 111. [3] Untersuchungen zur Geschichte des ersten Buchdrucks S. 77.

[4] Die Türkenbulle war damals noch unbekannt.

[5] Gutenberg und die Type des Türkenkalenders, ZfB XVIII (1901), S. 290. Vgl. Dziatzko, a. a. O. S. 121.

[6] Zedler, auf den die ganze Chronologie dieser Drucke zurückgeht, schreibt selbst in: Das Mainzer Fragment vom Weltgericht, VGG III, (1904), S. 17: „Auffallend ist besonders die große Ähnlichkeit des neuen Druckes (d. i. das Fragment des Sibyllenbuches) mit dem Türkenkalender" und spricht S. 18 nochmals über „diese nicht zu verkennende Ähnlichkeit" der beiden Drucke, von denen er einen auf die Mitte der vierziger Jahre, den anderen auf Ende 1454 datiert.

selbständig weitergearbeitet hätten[1]. Zedler schloß sich Hupps berechtigten Einwänden gegen Schwenkes Hypothese an und meinte seinerseits, daß Gutenberg den Prozeß gegen Fust verloren und 1455 seine gute Type nebst Stempeln und Matrizen als verfallenes Pfand an Fust habe ausliefern müssen, während ihm zur Fristung seines Lebensunterhalts die unvollkommenen Lettern des älteren Typenzustandes belassen wurden[2]. Man hat also die Wahl zwischen einem Erfinder des Buchdrucks, der seine sorgfältig gehüteten secreta artis freiwillig in einer merkwürdigen Auslese des Minderwertigen an die Konkurrenz abgibt (Schwenke) oder einem Erfinder, der in seiner Hilflosigkeit nicht imstande ist, ein von ihm selbst erdachtes und bereits einmal angewendetes technisches Verfahren (nämlich das Schneiden von Stempeln, Schlagen von Matrizen und Gießen von Lettern) auch nur in bescheidenem Umfange nochmals durchzuführen (Zedler). Beide Hypothesen sind nicht beweisbar und unglaubhaft.

Die Geschichte der B 36-Type ist an späterer Stelle zu besprechen. Hier ist nur festzustellen, daß die von Dziatzko und Schwenke aufgeworfene Frage nach der Priorität von B 40/41 oder B 36a aus der neueren Gutenbergliteratur verschwunden ist. Die Bestimmtheit, mit der sich Schwenke 1901 zugunsten der B 40/41 geäußert hatte, fand — soweit ich sehe — keinen Widerspruch, obwohl die Gutenbergforschung die Grundlagen, auf denen Schwenkes Meinung 1901 fußte, nur noch zum Teil gelten ließ. Mit der Möglichkeit, daß auch B 36a noch eine Vorstufe gehabt haben könnte, hatten Dziatzko und Schwenke nicht gerechnet. Der Krakauer Probedruck einer 40zeiligen Bibel (B 40 K)[3] beweist, daß die Vorgeschichte der B 36 verwickelter ist, als vermutet werden konnte. Da B 40 K gemeinsam mit einem Probedruck des Astronomischen Kalenders für 1448 überliefert ist und, wie gezeigt wurde, wahrscheinlich ungefähr gleichzeitig mit diesem entstand, ist es unumgänglich, die Frage Dziatzkos nach dem zeitlichen Verhältnis der Vorstufen von B 42 und B 36 erneut zu stellen. Das ist um so empfehlenswerter, weil es als eines der Kernprobleme der Gutenbergforschung angesehen werden muß, die Beziehungen, die zwischen den beiden ältesten Bibeldrucken bestehen, möglichst genau zu untersuchen und richtig zu deuten.

Die Frage Dziatzkos muß jetzt lauten: Könnte B 40 K früher entstanden sein als B 40/41? Wer mit Zedler und Schwenke überzeugt ist, daß der für 1448 berechnete Astronomische Kalender unbedingt 1447 gedruckt sein muß, wird den zeitlichen Vorrang von B 40 K für so gut wie entschieden halten müssen. Aber wir werden sehen, daß auch die Datierung des AK von neuem durchdacht werden muß.

Zunächst ist zu prüfen, wie sich der *Text* von B 40 K zu dem Text von B 36 und B 42 verhält. Ein Vergleich mit B 36a, der für ein Urteil über die verschiedenen Vorstufen des B 36-Druckes besonders aufschlußreich wäre, ist leider nicht möglich, da B 36a schon vor B 40 K abbricht. Der Vergleich mit B 36 und B 42 zeigt folgende Unterschiede:

B 40 K	*B 36*	*B 42*
α 3 o͞m	cũctoꝝ	cũctoꝝ
4 deus	dñs de9	dñs deus
6/7 Ecce adam factus (est q)uasi vnus ex nob'	Ecce adā qi vn9 ex nob' fact9 est	Ecce adam ꝗsi vnus ex nobis factus est
18 (A)dam vero cognouit euam	(C)ognouit vero adam euā	(C)ognouit vero adam euā
20 caym	cayn	cayn
23 caym	cayn	cayn
β 1 (abel fratrem) suũ et int'-fecit eum:	fr'em suum abel: et interfecit eũ.	fr͞m suũ abel: ⁊ int'-fecit eũ.
2 caym	cayn	cayn

[1] So schon in: Die Donat- und Kalendertype, VGG II (1903) S. 29, ferner in ZfB XXVII (1910), S. 66 bei der typographischen Analyse des Berlin-Trierer Donats, und in: Die Türkenbulle Papst Calixtus III. (1911), S. 9. Dazu Otto Hupp: Zum Streit um das Missale speciale Constantiense (1917), S. 79ff. Schwenke nochmals 1921 in: Fünfzehn Jahre Königliche und Staatsbibliothek, S. 35.

[2] Vgl. Gutenbergs älteste Type, VGG XXIII (1934), S. 87ff.

[3] Zum Unterschied von der Frühstufe der B 42, die Dziatzko als B 40/41 zitiert, bezeichne ich im folgenden den Krakauer Probedruck einer 40zeiligen Bibel als B 40 K.

13 caym	cayn	cayn
20 caym	cayn	cayn
21 caym	cayn	cayn
21/22 ut nō eum interficeret	ut nō interficeret eum	ut non interficeret eū
23 caym	cayn	cayn
24 ad orientalē (. . .)	in t'ra ad oriētalē	ī terra ad orientalē

Damit ist klar, daß B 40 K *nicht* mit dem aus B 42 nachgedruckten Text der B 36 übereinstimmt, sondern auf selbständiger Vorlage beruht, die einen schlechteren Text bot[1]. Es liegt also das gleiche Verhältnis vor, das Dziatzko zwischen B 36a einerseits und B 36, B 40/41, B 42 andererseits ermittelt hatte. Die weniger elegante Wortstellung, die B 36a und B 40 K gegenüber B 36 (= B 42) gemeinsam haben, macht es wahrscheinlich, daß B 40 K dieselbe mäßige handschriftliche Vorlage hatte, wie B 36a[2]. Der schlüssige Beweis hierfür ist nicht zu führen, da — wie bereits erwähnt wurde — B 36a vor B 40 K abbricht, so daß ein unmittelbarer Textvergleich zwischen B 40 K und B 36a unmöglich ist.

B 40 K weicht nicht nur textlich von B 36 ab, sondern zwischen B 40 K und B 36 (einschließlich B 36a[3]) bestehen *typographisch* gewisse Unterschiede, die für die Einordnung der Krakauer Probedrucke wichtig sind. Man hat längst bemerkt, daß die B 36-Type, wenn man sie mit ihren Vorstufen vergleicht, einige neue Formen aufgenommen und einige ältere ausgeschieden hat, daß also die Type für das große Unternehmen des Bibeldruckes systematisch erneuert wurde. Einige dieser Veränderungen lassen die Tendenz erkennen, die B 36-Type an die B 42-Type anzugleichen, und sind nur durch deren Vorbild erklärlich, so daß wir nicht allein im Text, sondern auch in der Typographie eine Abhängigkeit der B 36 von der B 42 bemerken können[4]. Dahin gehören die neue Ligatur ct, das z mit herabgezogenem Abstrich und die ausschließlich verwendete Anschlußform des i mit Bogen, die der Hauptform analog gebildet ist. Die Vermehrung der zusammengeschobenen Formen aus b, d, p, pp, v mit a (eckige Form), e, o und die Einführung des Fragezeichens weisen in die gleiche Richtung, ebenso satztechnisch das angestrebte bessere Ausrichten der Kolumne. Andere Verbesserungen sind unabhängig von der B 42 erfolgt. Die wichtigsten sind die neuen Formen für E, das am Kopf einen Zierstrich erhält, und für R, dessen Abstrich dem formverwandten K gleich gestaltet wird[5]. Wenn wir nun untersuchen, wieweit B 40 K diese Merkmale der B 36-Type bereits enthält, so erkennen wir, daß B 40 K eine Zwischenstufe zwischen Kalendertype und B 36-Type darstellt. Während in der, frühestens in der zweiten Hälfte des Jahres 1456, wahrscheinlich aber erst 1457 gedruckten Türkenbulle zweimal das neue E (neben drei alten E) vorkommt, hat B 40 K viermal das neue E (α 6, 11; β 1, 14). An zwei Stellen (α 13, δ 23) vertreten Blockaden die noch fehlenden E. Wegen der Blockaden dürfen wir für gewiß halten, daß der Vorrat an großen E im Setzkasten erschöpft war. Das wird begreiflich, wenn man den Anfang des Bibeltextes auf das Vorkommen von E ansieht. Während der Hieronymusbrief nur wenige große E verlangt (die höchste Zahl auf einer Seite ist 5 auf Bl. 2a einer B 40, sonst sind es nur 1 oder 2), tritt im Anfang der Genesis ein sehr starker

[1] Hierzu paßt, daß B 36 und B 42 eine bessere Zeichensetzung als B 40 K haben. Es wird in B 42 und B 36 sorgfältiger zwischen dem Punkt und dem Doppelpunkt unterschieden; beide haben das Fragezeichen, das in B 40 K fehlt.

[2] Vgl. die Lesarten bei Dziatzko, Gutenbergs früheste Druckerpraxis, a. a. O. S. 104ff.

[3] Vgl. Schwenke, ZfB XVIII (1901) S. 290: „. . . die ersten Blätter, die noch nicht aus B 42 abgedruckt sind, zeigen genau dieselbe Entwicklungsstufe der Schrift." Die Richtigkeit der Beobachtung Schwenkes wurde von mir an dem Stuttgarter Exemplar der B 36 überprüft und durch Photographien, die P. Alban Dold OSB auf meine Bitte freundlicherweise nach dem Stuttgarter Exemplar der B 36 anfertigte, nochmals bestätigt.

[4] Vgl. Schwenke, Untersuchungen zur Geschichte des ersten Buchdrucks (1900) S. 87, ZfB XVIII (1901) S. 296, VGG II (1903) S. 30, ZfB XXVII (1910) S. 67.

[5] Seitdem Schwenke, ZfB XVIII (1901) S. 290 außer den verschiedenen Formen für E und R auch zwei verschiedene Formen des A abbildete, von denen die angeblich ältere am Kopf weniger geschlossen sein soll als die jüngere Form der B 36, wird auch das A in der Literatur stets als unterscheidendes Merkmal der beiden Typenzustände angegeben. Ich halte diese Beobachtung Schwenkes für nicht zuverlässig. Ich verweise z. B. auf die Türkenmahnung für 1455, die Bl. 4a Z. 2 die geschlossenere und Z. 16 die offenere Form des A hat, vgl. Festschrift zum Fünfhundertjährigen Geburtstage von Johann Gutenberg, Mainz (1900) Tafel 34. Auch in den Pfister-Drucken finde ich keine Regelmäßigkeit der A-Formen, vgl. z. B. VGG X/XI (1911) Taf. VII, Z. 9 und 11, oder Taf. IX, Z. 1 und 11. Man wird daher auf das A als unterscheidendes Merkmal verzichten müssen

Bedarf an großen E ein, so daß eine 40zeilige Bibel auf Bl. 5b fünfzehnmal, auf Bl. 6a achtmal, auf Bl. 6b fünfmal und auf Bl. 7a zehnmal ein großes E benötigt. Man muß daher vermuten, daß die Bll. 5bff. der Krakauer B 40 noch nicht ausgedruckt, bzw. noch nicht wieder abgelegt waren, als Bl. 7a gesetzt wurde. Wer die sparsame und haushälterische, mit kleinen Mitteln arbeitende Technik des B 36-Druckers kennt (man denke etwa an die primitive Art der Ligaturen mit Hilfe abgeschliffener Buchstaben), wird es nicht erstaunlich finden, daß ein gleichzeitiger Bedarf an 38 großen E ihn in vorübergehende Verlegenheit bringen konnte[1]. Daß der Drucker nun nicht, wie noch in der Türkenbulle, neben den neuen E, als diese nicht reichen, die alten E verwendet, sondern die betreffenden Stellen blockieren muß, darf als Beweis gelten, daß inzwischen die alten Formen ausgeschieden und für einen Neuguß eingeschmolzen waren. Dann muß aber B 40 K *nach* der Türkenbulle, also frühestens 1457 angesetzt werden. Für die Richtigkeit dieser Annahme sprechen weitere Kennzeichen. Auch das R in B 40 K hat die neue Form (α 21); in der Türkenbulle begegnet nur einmal ein R in der alten Form, während der 26zeilige Berlin-Trierer Donat (Bl. 9a, Z. 15) bereits die neue Form der B 36 hat. An Bogenligaturen aus zusammengeschobenen Buchstaben begegnen in B 40 K: be (β 2), bo (α 7), de (α 9, α 11 zweimal, β 18, β 19), do (β 23), pe (β 12). Dagegen tritt die neue, nach dem Muster von B 42 gebildete (echte) Ligatur für ct, die auch im D 26 noch fehlt, in B 40 K noch nicht auf (vgl. α 6, β 11); ſt erscheint teils in der zusammengesetzten Form (α 16, 24), teils als Ligatur (β 3, 5, 13). Das Fragezeichen der B 36, das im D 26 schon zu finden ist, fehlt in B 40 K auch an den Stellen, an denen es unbedingt zu fordern ist (so β 2, 4, 5) und an denen es B 36 setzt. Die Interpunktion ist reichlich (man vgl. das häufige Vorkommen des Doppelpunktes) aber wenig sinnvoll vorgenommen, was man zu Lasten der mäßigen handschriftlichen Vorlage rechnen mag. Rundes r ist nach o mehrfach (α 5, 8, 19; β 13), aber ohne System gesetzt (vgl. gerades r nach o: α 2, β 24). Ein sehr bemerkenswerter Unterschied zwischen der Type von B 40 K und der Type von B 36 (und B 36a!) ist, daß in B 40 K die Anschlußform des i (von Schwenke als „i 2" bezeichnet) stets nur den Schrägstrich, in B 36 (und B 36a) stets nur den Bogen hat. Hier gehen B 40 K mit dem AK (Krakauer Korrekturzustand und Wiesbadener Reindruck) und dem D 26 zusammen gegen B 36a, B 36, Münchener Oratio (Einblattdrucke 1051)[2], 28zeilige „Pfister"-Donate (GW 8688, 8689)[3] und Bamberger Pfisterdrucke, während die früheren Drucke mit Ausnahme des 31zeiligen Ablaßbriefes[4] einen Mischzustand von i 2 mit Bogen und Schrägstrich haben.

Das Ergebnis dieser typographischen Analyse ist, daß der Typenzustand von B 40 K nicht mit dem der B 36a und B 36 übereinstimmt, sondern genetisch zwischen der Türkenbulle und dem D 26 einzuordnen ist. Der mittelrheinische Dialekt der Türkenbulle und die Trierer Provenienz des D 26 machen auch für B 40 K die Entstehung in Mainz wahrscheinlich. Diese Annahme wird durch die Tatsache gesichert, daß B 40 K auf einem Blatt aus dem Schuldbuch eines Mainzer Gewandschneiders abgezogen wurde. Der Entwicklungszustand der Type, wie er durch B 40 K und die ihr verwandten Drucke vertreten wird, ist offenbar noch mainzisch, während man gute Gründe dafür hat, daß B 36 in Bamberg gedruckt und von Bamberg aus vertrieben wurde. Bei den Pfisterdrucken (also seit 1461) ist die Bamberger Provenienz feststehend. Es wäre selbstverständich ein grober methodischer Fehler, aus der Tatsache, daß eine Vorstufe des 36zeiligen Bibeldruckes in Mainz entstanden ist, schließen zu wollen, daß der Druck der Bibel in ihrer endgültigen Form auch in Mainz erfolgt sein müsse.

Aus diesem Sachverhalt sind für die *Entstehungsgeschichte der 36zeiligen Bibel* folgende Schlüsse zu ziehen: Ein Drucker in Mainz hat, ebenso wie der Drucker der spätestens Frühjahr 1456 fertigen 42zeiligen Bibel, die

[1] Man vgl. die einschlägigen Beobachtungen von Zedler an der B 36 (K muß ausgegangenes R ersetzen; m, n, u, werden aus einzelnen Stücken zusammengesetzt), VGG X/XI (1911) S. 103 und Abb. 10.

[2] Abb. dieses Druckes jetzt bei Geldner, Ein unbeachteter Einblattdruck . . . ZfB 57 (1940), S. 278ff. mit Taf. II. Der Text ist Migne PL 158, 756f. zu finden; der Verfasser ist aber nicht Anselm, sondern Ekbert (1167—84 Abt von Schönau), vgl. F. W. E. Roth, Die Visionen der hl. Elisabeth und die Schriften der Äbte Ekbert und Ennechs von Schönau, Brünn 1884, S. 216, 224, 293ff. und Anm. S. XXIVf. Der Text auch bei Petrus Canisius, Manuale catholicorum (V. Exercitium, Bernardi meditatio). Ich verdanke diese Hinweise der freundlichen Mitteilung von P. Anselm Manser OSB, Bibliothekar der Erzabtei Beuron. — Da ausschließlich i 2 mit Bogen verwendet wird, dürfte der Druck bereits bambergisch sein, wie schon Schwenke vermutete, vgl. Geldner a. a. O. S. 285, Anm. 1.

[3] Die Zuweisung dieser 28zeiligen Donate an Pfister stammt von Schwenke, vgl. VGG II (1903) S. 23 und ZfB XXIV (1907) S. 114.

[4] In den wenigen mit der B 36-Type gedruckten Worten des Ablaßbriefes kommt die Nebenform des i allerdings nur dreimal vor.

Absicht, eine 40zeilige Bibel zu drucken. Als Vorlage dient ihm ein mäßiger Text. Der frühestens 1457 in Angriff genommene Plan wird nicht durchgeführt. Der Drucker (oder bereits ein Nachfolger ?[1]) beginnt nach vermutlich gleicher, jedenfalls auch minderwertiger handschriftlicher Vorlage (in Bamberg ?) eine 36zeilige Bibel zu drucken. Nach Fertigstellung weniger Seiten verzichtet er auf den Abdruck der bis dahin benutzten Handschrift und wählt als neue und bessere Vorlage ein fertiges (weil aus Lagen ersten und zweiten Druckes gemischtes) Exemplar der 42zeiligen Bibel, deren Text er, wenn auch mit Flüchtigkeitsfehlern, mechanisch kopiert. Eine Personengleichheit zwischen dem Drucker der B 42 und der B 36 ist schon wegen der Textgeschichte der B 36 ausgeschlossen, denn man kann nicht annehmen, daß der Drucker der B 42 bei einem zweiten Bibeldruck zunächst eine schlechte Handschrift statt seines eigenen guten Druckes als Vorlage benutzt haben sollte[2]. Die 36zeilige Bibel ist wahrscheinlich in Bamberg gedruckt (Wasserzeichen, Übereinstimmung des Typenzustandes mit den Bamberger Pfisterdrucken), spätestens 1461 fertiggestellt (Rubrikatordatum des Einzelblattes in Paris BN) und von Bamberg aus vertrieben worden (Einbände und Provenienzen der Exemplare). Die Type ist bereits Anfang 1461 als Besitz des Albrecht Pfister bezeugt (GW 4839, 14. II. 1461). Wer die Bibel druckte, bleibt ungewiß; wir müssen uns vorläufig auf die Vermutung beschränken, daß der Mainzer Drucker, der die 40zeilige Bibel zu setzen begann, derselbe war, der später die 36zeilige zu Ende führte. Die Entstehungszeit der Bibel ist dagegen mit ausreichender Sicherheit auf die Jahre 1458 bis 1460 zu begrenzen[3].

Die Frage Dziatzkos, ob B 36 oder B 42 zuerst begonnen wurde, wäre damit erneut beantwortet. Auch die Vorstufe von B 36, die in B 40 K vorliegt, kann aus typographischen Gründen nicht vor 1457 datiert werden, denn die Türkenbulle kann nicht vor der zweiten Hälfte des Jahres 1456 entstanden sein. Im August 1456 war

[1] Was ich für ganz unwahrscheinlich halte. Der Krakauer Probedruck B 40 K ist für die Beurteilung der Frage insofern wichtig, als er beweist, daß der Bibeldruck bereits in Mainz vorbereitet wurde. Die Entwicklung der B 36-Type, d. h. ihre fortschreitende Angleichung an das Vorbild der B 42-Type bis zum Druck der B 36 in ihrer endgültigen Form in Bamberg ist dermaßen folgerichtig (vgl. hierzu Kap. IV, Abschnitt 2 dieser Abhandlung), daß sie zwingend auf die gleiche Person als Urheber hinweist. Ich glaube deshalb, daß B 40 K, B 36a und B 36 dem gleichen Drucker zugewiesen werden müssen. Emil Herold (Die Coburger Gutenbergfunde und ihre Bedeutung für die Gutenbergforschung, GJ 1941, S. 52ff.) geht zwar von der unbewiesenen und m. E. unrichtigen Voraussetzung aus, daß Gutenberg der Drucker der B 36 gewesen sei; doch ist seine Vermutung, a. a. O. S. 56, sehr ansprechend, daß der B 36-Drucker auf Veranlassung des Bischofs Georg von Schaumberg nach Bamberg übersiedelte und daß dieser bedeutende und kunstliebende Bischof der eigentliche Geldgeber des Bamberger Bibeldrucks gewesen sei. Mainz mit der sehr leistungsfähigen Firma Fust & Schöffer, die selbst in jenen Jahren einen neuen Bibeldruck vorbereitete (GW 4204, 48zeilige Bibel von 1462), war kein günstiger Boden für eine kleinere Werkstätte, die nach dem Vertrieb billiger Schulbücher und populärer Broschüren den zwar wenig originellen, aber immerhin ehrgeizigen Plan faßte, einen Konkurrenzdruck der B 42 herauszubringen. Das erforderte auch bei kleinerer Auflage wegen der benötigten Mengen an Papier und Pergament und wegen der durch die Herstellungsdauer bedingten längeren Anlagefrist der aufgewendeten Mittel ein erhebliches und nicht sogleich wieder flüssig zu machendes Kapital. Johann Fust, ein wohlhabender und einflußreicher Mann — gerade 1458 war sein Bruder Jakob Bürgermeister von Mainz — dürfte unschwer die Möglichkeit gefunden haben, einen lästig werdenden Konkurrenten zu behindern, wenn nicht in Mainz überhaupt unmöglich zu machen. Für einen solchen war deshalb die Abwanderung an einen Ort, in dem eine hochgestellte Persönlichkeit die erfolgreiche Durchführung eines Nachdrucks der 42zeiligen Bibel zu protegieren bereit war, der gegebene Ausweg. Herold vermutet S. 57, daß der Notar Ulrich Helmasperger „clerick bamberger bistoms", der durch den Gutenberg-Fust-Prozeß mit der neuen Erfindung vertraut war, den Vermittler zwischen dem Bamberger Bischof und dem Mainzer Drucker abgegeben haben könne. Das wäre denkbar; jedenfalls ist sicher, daß Georg von Schaumberg laut Eintragung im Totenbuch des Coburger Franziskanerklosters 1463 diesem Hauskloster seiner Familie eine auf Pergament gedruckte Bibel geschenkt hat. Da die Bibliothek nach Auflösung des Konvents in städtischen Besitz überging und da Pergamentblätter der B 36 im 16. Jahrhundert als Schutzumschläge für Rechnungen des unter städtischer Verwaltung stehenden Coburger St. Georgspitals nachweisbar sind, ist die Vermutung Herolds, daß die von Georg von Schaumberg verschenkte Pergamentbibel eine B 36 war, nicht unbegründet, obwohl zu beachten bleibt, daß 1463 bereits vier gedruckte Ausgaben der Bibel vorlagen (GW 4201—4204). In diesem Zusammenhang gewinnt die Vermutung Zedlers (VGG X/XI, 1911, S. 89), daß der Bamberger Drucker Albrecht Pfister mit dem gleichnamigen Sekretär des Dompropstes und späteren Bischofs Georg von Schaumberg identisch sei, an Glaubhaftigkeit. In ihrer letzten Phase erscheint die B 36-Type bekanntlich in den volkstümlichen Drucken Pfisters. Möglich, daß diesem das Druckmaterial zufiel, nachdem der Bibeldruck — an dem allein der Bischof interessiert gewesen sein dürfte — beendet war. Die neuere Hypothese Zedlers, daß Johann Numeister der Drucker der B 36 war (VGG XXIII, 1934, S. 100ff.), ist von Juchhoff (ZfB 57, 1940, S. 211f.) mit Recht als völlig unbegründet abgelehnt worden.

[2] Dziatzko hatte in dieser Frage noch nicht die notwendigen Folgerungen aus dem von ihm selbst klargestellten Sachverhalt gezogen; er glaubte in Gutenberg den Drucker beider Bibeln sehen zu müssen, vgl. Gutenbergs früheste Druckerpraxis S. 118ff.; besonders schwach seine Argumentation in der Kostenfrage S. 121.

[3] Damit nähere ich mich dem Ansatz Herolds, a. a. O. S. 57, der die Entstehungszeit der B 36 in die ersten beiden Regierungsjahre Georgs von Schaumberg, 1459 und 1460, setzen möchte.

aber schon ein ausgedrucktes Exemplar von B 42 fertig rubriziert. Die Tatsache, daß B 40 K nicht vor 1457 zu datieren ist, steht in einem nicht auflösbaren Gegensatz zu der von Zedler begründeten Meinung, daß der im Korrekturzustand gemeinsam mit B 40 K überlieferte und typographisch mit B 40 K übereinstimmende Astronomische Kalender schon Ende 1447 gedruckt wurde. Dieses Problem stellen wir vorläufig noch zurück. Zunächst bleibt der Donat als der dritte der Krakauer Probedrucke zu untersuchen.

3. *Der Donat*

Die Blätter III, IV, V der Krakauer Probedrucke enthalten Donattexte, III und IV in unmittelbarem Abdruck, V in spiegelbildlichem Abklatsch eines frischen Abzugs, der auf Bl. V gelegen und abgefärbt hat. Die Blätter IIIa und b, IVa und Vb zeigen Spuren weiterer abgeklatschter Seiten. Von diesen vermag ich nur am rechten Rand von Bl. IVa (vgl. Tafel 9) den Seitenanfang „docuit ꝛ pl'r docuim⁹ . . ." (Schwenke 28, 8) zu lesen.

Da die Texte der Blätter IIIa und IVa zu zwei aufeinanderfolgenden Seiten gehören, läßt sich die *Zeilenzahl* der in Vorbereitung befindlichen Donatausgabe errechnen. Der Text von Blatt IVa beginnt mit Schwenke 30, 40 (Imperativo) und endet mit Schwenke 31, 12 (ad). Die fehlenden Teile der letzten beiden Zeilen, mit denen die Seite schloß, sind auf dem anschließenden Stück IIIb erhalten. Blatt IIIa, das oben unvollständig, unten aber vollständig ist, beginnt mit Schwenke 31, 17 (utinam) und endet mit Schwenke 32, 5 (auditis). Die am linken Rande fehlenden Textteile stehen auf IVb. Es ist also die Zeilenzahl der am oberen Rande von IIIa fehlenden Textlücke von Schwenke 31, 12 (secundam) bis 31, 17 (imperfecto) zu errechnen, um die Zeilenzahl einer vollständigen Seite zu ermitteln. Das fehlende Textstück wird wie der benachbarte Text etwa in folgender Weise gekürzt worden sein: „scd'am ꝛ terciā psonā legere legat' ꝛ pl'r legam' legimini legāt' Fut'o legitor tu legitor ille ꝛ pl'r legam' legiminor leguntor. Optato mō tpe pn̄ti ꝛ pret'ito ip̄fco". Das würden zusammen 128 Buchstaben sein. Da der Donat durchschnittlich etwa 40 (38—43) Buchstaben pro Zeile hat, müssen drei Zeilen fehlen. Zählt man diese drei zu den auf Blatt IIIa vorhandenen 24 Zeilen, so ergibt sich, daß der Drucker offenbar einen 27zeiligen Donat vorbereitete[1]. Von sämtlichen bekannten 27zeiligen Donaten (GW 8676 bis 8687) unterscheiden sich die Krakauer Probedrucke auf den ersten Blick durch die sorgfältige Ausrichtung der Kolumne und durch die um etwa 2 cm geringere Zeilenlänge. Es ist nur eine mainzische Donatausgabe bekannt, die beide (und — wie wir sehen werden — noch andere) Eigentümlichkeiten mit dem Krakauer Donat teilt, das ist der bereits mehrfach erwähnte Berlin-Trierer 26zeilige Donat (D 26). Vom D 26 (GW 8674) sind unvollständig die beiden ersten und vollständig die mit ihnen zusammenhängenden Gegenblätter (9 und 10) erhalten.

Gemeinsamen Text haben die Krakauer Blätter mit D 26 nur auf dessen zweitem Blatt. D 26, Bl. 2a, Z. 21 bis 2b, Z. 19[2] hat den gleichen Text, der sich im spiegelbildlichen Abklatsch in Krakau Bl. Va, Z. 1—25 befindet. Um einen Vergleich zu ermöglichen, gebe ich im folgenden einen Abdruck des nur schwer leserlichen abgeklatschten Textes von Bl. Va und setze jeweils den Text von D 26, soweit er vorhanden ist, darunter.

Zeile 1	ſingl'aris figure ſimplicis caſus ntī ꝛ accī ꝛ vtī
D 26 (Bl. 2a)	Z.[21]ſingl'aris · figure ſimpli . . . . . . //[22] ꝛ vtī
2	quod declinabit' ſic [ ]tō hic ꝛ hec ꝛ hoc felix gtō hui⁹
D 26	quod declinabit' ſic [ ]tō hi . . . . . //[23] gtō hui⁹
3	felicis datō huic felici · accō hunc ꝛ hanc felicem
D 26	felicis datō huic felici · . . . . //[24] felicē ·

[1] Danach ist die Einordnung als 26zeiliger Donat im GW (8675) zu berichtigen. Zutreffend ist aber, daß GW 8674 und 8675 aufs engste zusammengehören.

[2] Vgl. die Abbildungen Taf. 33 und 34 bei Zedler, VGG XXIII (1934).

4 et hoc felix · vtō o felix · ablatō ab hoc et ab hac
D 26 et hoc felix · vtō o felix · ab . . . . . . //[25] hac

5 et ab hoc felice ul' felici ꝛ pl'r ntō hii ꝛ hee felices
D 26 ꝛ ab h^{0} felice ul' felici ꝛ pl'r . . . .

6 (et) hec felicia · gtō hoꝝ ꝛ haꝝ ꝛ hoꝝ feliciū · dtō hiis
D 26 [26]ꝛ h' felicia · gtō hoꝝ et h . . . .

7 felicibꝫ · accō hos ꝛ has felices et hec felicia · vtō o
D 26 . . . *Bl. 2b, Z.*[1] hos et has felices et h' felicia · vtō//·

8 felices et o felicia · ablatiuo ab hiis felicibus ·
D 26 . . . . . [2] felicia · ablatiuo ab hiis felicibus · //

9 [2]ructus nomen appellatiū · generis m(aſcu-)
D 26 . . . . [3] nomen appellatiū · generis maſcu

10 lini · numeri ſingularis · figure ſimp(licis ·)
D 26 li-// . . .[4] eri ſingl'aris · figure ſīplicis ·

11 caſus ntī ꝛ gtī ꝛ vtī · quod declinabitur ſic [ ]to
D 26 caſus // . . . . . . [5] od declinabit' ſic [ ]to

12 hic fructus · gtō hui9 fructus · dat'o huic fructui ·
D 26 hic fructus // . . . . [6] dtō huic fructui ·

13 accō hūc fructū · vtō o fructus · abltō ab h^{0} fructu
D 26 accō hūc fructū · // . . . . . [7] abltō ab hoc fructu ·

14 ꝛ pl'r · ntō hii fructus · gtō hoꝝ fructuū dtō hiis
D 26 ꝛ pl'r · ntō hii // . . . . . [8] oꝝ fructuū · dtō hiis

15 fructib9 · accō hos fructus. vtō o fructus · abltō
D 26 fructib9 · accō // . . . . . [9] tō o fruct9 abltō

16 *eingerückt am Ende der Zeile:* ab hiis fr(uctib9) *Davor.* [2]pecies nomen appellatiū ·
D 26 ab hiis fructib9 // . . . . [10] men appellatiū ·

17 generis feminini · numme'i ſing'laris f(igure)
D 26 generis femī · nu- // . . [11] laris figure

18 ſimplicis · caſus · ntī ꝛ vtī · et declinabit' ſic [ ]tō
D 26 ſimplicis · caſus ntī // . . . . . [12] bit' ſic [ ]tō

19 hec ſpecies · gtō hui9 ſpeciei · dtō huic ſpeciei · accō
D 26 hec ſpecies · gtō hui9 // . . . . . . [13] ſpeciei · accō

20 hanc ſpeciem vtō o ſpecies abltō ab hac ſpecie ·
D 26 hanc ſpeciem · vtō o // . . . . [14] ab hac ſpecie ·

21 ꝛ pl'r · ntō hee ſpecies · gtō haꝝ ſpecieꝝ · datō hiis
D 26 ꝛ pl'r ntō hee ſpēs · // . . . . [15] datō hiis

22 ſpeciebus · accō has ſpēs vtō o ſpecies · abltō ab
D 26 ſpeciebus · accō has // · . . . [16] ecies · ablatō ab

23 *eingerückt am Ende der Zeile:* hiis ſpec(iebus) *Davor:* [2]rima dec(lin)atō quot lrās
D 26 hiis ſpeciebus // . . . . [17] natō quot lrās

24 ter(min)ales habet. duas (· q̄)s · a · ꝛ · s · Quot
D 26 t'minales habet ? // . . . [18] s ? a · et · s Quot

25 t'minacōnes · tres · quas · a · (as) · es · Da exempl(um)
D 26 terminaciones ? // . . . . . [19] es Da exemplum ?

Der Vergleich von D 26 und Krakau Bl. Va zeigt, daß die beiden Donate (ich zitiere den Krakauer Donat in Zukunft D 27 K) sich sehr nahestehen; die Abkürzungen sind in der Mehrzahl der Fälle in gleicher Weise durchgeführt. Eine besondere Eigentümlichkeit des D 26 ist die Aussparung von Spatien für handgemalte Initialen zu Beginn der Deklinationsbeispiele. In D 27 K ist sie an den gleichen Stellen vorgenommen (Z. 2, 11, 18). Übereinstimmend mit D 26 hat D 27 K die Orthographie „uel" statt „vel", wie in den übrigen Donaten der DK-Type. Auch die sorgfältige Interpunktion teilt D 27 K mit D 26, nur fehlt ihm noch das in D 26 vorkommende Fragezeichen (Z. 24, 25). Obwohl die Kolumne des D 27 K um einige Millimeter breiter ist als die des D 26, ist dieser Unterschied doch zu geringfügig, um sich auf den Zeilenumbruch wesentlich auszuwirken. Zunächst ist D 26 etwas weitläufiger, zum Seitenwechsel stimmen beide Drucke fast zeilengetreu überein, dann ist D 26 etwas kompresser gesetzt, aber das Endergebnis ist, daß beide Drucke für den gleichen Text fast genau die gleiche Zeilenlänge benötigen, nämlich der eine 25 Zeilen, der andere 25 Zeilen und 14 mm.

Um so erstaunlicher ist, daß der Seitenumbruch des D 26 in keiner Weise mit D 27 K in Einklang zu bringen ist. Als 27zeiliger Donat von etwa gleicher Zeilenlänge hätte D 27 K die dritte Seite etwa 2 Zeilen später, die vierte Seite etwa 3 Zeilen später beginnen müssen als D 26. Das würde bedeuten, daß D 27 K Seite 3 mit dem Paradigma „scampnum" (Schwenke 4, 1) und Seite 4 etwa mit der zweiten Zeile des Paradigma „frúctus" (Schwenke 7, 2) einsetzen müßte. Der Seitenanfang von D 27 K (Schwenke 6, 2) liegt aber 18 Zeilen hinter und 9 Zeilen vor diesen beiden möglichen Seitenanfängen. Der vor dem Seitenanfang von D 27 K fehlende Text (72 Druckzeilen im D 26) ist für 3 Seiten eines 27zeiligen Donats zu wenig, für 2 Seiten aber zu viel. Da die zweite Möglichkeit ganz ausscheiden muß, nehme ich, wenn auch unter Vorbehalt, die erste an, d. h. ich glaube, daß Bl. Va der Krakauer Probedrucke am ehesten der Abklatsch einer vierten Seite (Bl. 2 verso) eines 27zeiligen Donats sein dürfte. Man könnte vermuten, daß etwa auf Bl. 1a zu Beginn des Textes ein erheblich größerer Raum für die Initiale P vorgesehen war als im D 26, aber sehr wahrscheinlich ist das nicht[1]. Die einfachste Erklärung wäre, daß es sich um den Abklatsch einer Fahnenkorrektur, also eines noch nicht umbrochenen Satzes handelt. Dagegen spricht aber, daß die erste Zeile nicht eingerückt ist. Bei fortlaufendem Satz würde die mit „ſingularis" beginnende Zeile die zweite Zeile des Paradigmas „felix" sein und müßte deshalb ebenso wie die erste Zeile eingerückt werden, um für die Initiale F Platz zu machen (vgl. D 26, Bl. 2a, Z. 21, VGG XXIII, Tafel 33). In dem Abklatsch ist die Zeile aber nicht eingerückt, während die übrigen Abschnitte korrekt eingezogen sind. Das Paradigma „felix" begann daher offenbar auf der letzten Zeile der vorigen Seite, so daß in diesem Fall statt der zweiten Textzeile die letzte Zeile des vorhergehenden Abschnittes eingerückt wurde. Es ist also kaum zu bezweifeln, daß der Setzer mit „ſingularis" eine neue Seite beginnen wollte. Man könnte vielleicht vermuten, daß der Drucker den ursprünglich als 27zeilig begonnenen Donat im Laufe der Arbeit in einen 26zeiligen Donat umgesetzt habe. Das würde aber den durch Abklatsch auf Blatt Va nun einmal bezeugten Seitenanfang ebensowenig erklären, auch wenn man von der unterschiedlichen Zeilenlänge und dem in D 26 vorkommenden und in D 27 K fehlenden Fragezeichen ganz absieht. Die Seitenaufteilung des D 27 K bleibt rätselhaft.

In der Reihenfolge des Donattextes haben die Krakauer Blätter folgende Seitenanfänge bzw. Seitenschlüsse:

Blatt Va (Abklatsch)
Anfang: singularis figure . . . (Schwenke 6, 2)
Endet: ? (ungefähr bei Schwenke 9, 5)

[1] Man vgl. die Abbildung der ersten Seite des D 26 bei Zedler, Gutenbergs älteste Type, VGG XXIII (1934) Taf. 31. Man kann sich nicht recht vorstellen, daß für die erste Initiale ein noch größeres Spatium vorgesehen wurde.

Blatt IVa (Abklatsch)

Anfang: docuit et pluraliter (Schwenke 28, 8)
Endet: ?

Blatt IVa (Probedruck)

Anfang: ? (ungefähr bei Schwenke 30, 34)
Endet: ... presenti ad (Schwenke 31, 12)

Blatt IIIa (Probedruck)

Anfang ergibt sich aus dem Ende von Bl. IVa: secundam ... (Schwenke 31, 13)
Endet: ... auditis (Schwenke 32, 5)

Ich muß die Schwierigkeiten, die sich aus den oben dargelegten Tatsachen, besonders aus dem Vergleich mit D 26 für eine genauere Bestimmung der Seiten ergeben, auf sich beruhen lassen und bezeichne mit allem Vorbehalt Bl. Va als Bl. 2 verso, den Abklatsch auf Bl. IVa als Bl. 10 verso, den Probedruck auf Bl. IVa als Bl. 12 verso, Bl. IIIa als Bl. 13 recto eines 27zeiligen Donats. Diese Zählung der Blätter betrachte ich nur als eine vorläufige, die so lange zweckmäßig ist, bis die Einrichtung des D 27 K durch den Fund weiterer Blätter oder sonstwie in überzeugender Weise erklärt wird.

An dieser Stelle ist nochmals auf das Schuldbuch zurückzukommen, das der Drucker für seine Probeabzüge verwertete. In Kap. II (S. 5) wurde ausgeführt, daß die Daten des Schuldbuchs nicht genau, aber doch ungefähr erkennen lassen, in welcher Reihenfolge seine Blätter beschrieben wurden. Nachdem jetzt die Texte der Krakauer Probedrucke bestimmt sind, ist ein Vergleich zwischen den Daten des Schuldbuchs und der Blattfolge der Drucke möglich. Das ergibt folgendes Bild:

Blatt II:

Druck: Blatt 7 recto einer Bibel.
Daten des Schuldbuchs: 1383 (IIaα 5), 1383 (IIaβ 8), 1383 (IIbα 4), 30. XI. 1383 (IIbα 9), 1383 (IIbβ 2) 21. XI. 1383 (IIbβ 6), 1. X. 1384 (IIbβ 20).

Blatt V:

Druck: Blatt 2 verso (?) eines 27zeiligen Donats (Abklatsch).
Daten des Schuldbuchs: 10. VIII. 1383 (Vaα 7), 24. VIII. 1383 (Vaβ 4), 1383 (Vaβ 8), 5. VIII 1383 (Vbα 6/7), 16. X. 1384 (Vbα 12), 22. I. 1384 (Vbβ 4/5).

Blatt IVa/IIIb:

Druck: Blatt 12 verso (?) und Abklatsch von Blatt 10 verso (?) eines 27zeiligen Donats.
Daten des Schuldbuchs: 1392 (IIIbβ 4).

Blatt IVb/IIIa:

Druck: Blatt 13 recto (?) eines 27zeiligen Donats.
Daten des Schuldbuchs: 28. IV. 1393 (IVbα 3/4), 1393 (IVbα 8), 18. VII 1393 (IVbα 13/14), 1392 (IIIaα 11).

Die Folge der Daten des Schuldbuchs stimmt mit der Blattfolge des Donats überein. Der Drucker hat offenbar das alte Schuldbuch Blatt für Blatt abgerissen und für seine Probedrucke verwendet. Als der Druck des Donats etwa bis zur vierten Seite fortgeschritten war, befand er sich in der Gegend der Eintragungen aus 1383 und 1384, und als der Drucker etwa drei Viertel des Donattextes gesetzt hatte, war das Schuldbuch schon bis zu den Eintragungen der Jahre 1392 und 1393 verbraucht. Mit dem Satz der 40zeiligen Bibel war er bis zur 13. Seite gediehen, als vom Donat mindestens 4 Seiten fertig waren. Das beweist, daß sich diese beiden Druckvorhaben gleichzeitig in Arbeit befanden. Wahrscheinlich wurde außerdem noch am Text des Astronomischen Kalenders gesetzt. Das ist eine Druckerpraxis, mit der Zedler zu wenig rechnet, sonst würde er z. B. der von Schwenke ermittelten Arbeitspause des Setzers A der 42zeiligen Bibel[1] nicht so großes Gewicht beilegen, um gerade während dieser Pause gewisse andere Drucke entstanden sein zu lassen. Als ob nicht ein Setzer des 15. Jahrhunderts auch einmal durch Krankheit hätte verhindert sein können, seine Arbeit pausenlos fortzusetzen. Und als ob sich andererseits in einer Druckerei des 15. Jahrhunderts nicht mehrere Drucke gleichzeitig in der Fertigung befunden haben könnten, so wie es heute allgemein üblich ist. Die Mainzer Probedrucke beweisen, daß der DK-Drucker zu gleicher Zeit mehrere Drucke vorbereitete. Es ist daher nicht notwendig, sich alle übrigen Drucke in der DK-Type als nacheinander entstanden und auf so große Zeiträume verteilt zu denken, wie es in der Gutenbergforschung geschieht.

Die Arbeitspause der B 42 ist hier insofern von Interesse, als Zedler, der in seinen neueren Veröffentlichungen bekanntlich die B 42 im Gegensatz zu Schwenke nicht Gutenberg, sondern Fust und Schöffer zuschreibt, den Berlin-Trierer Donat (D 26) als einen Druck von Fust und Schöffer in die Arbeitspause der B 42 verlegt und ihn — da die B 42 nachweislich 1456 fertig war — auf Ende 1455 datiert. Die Frage ist in unserem Zusammenhang wichtig, da der D 27 K eng mit dem D 26 zusammengehört. Was für den D 26 gilt, ist auch für den D 27 K gültig. Zedler sagt über den D 26: „Wer den 42zeiligen Bibeldruck genauer kennt, wird, wenn er die Kolumnenbehandlung im Donat mit der in den verschiedenen Abschnitten des Bibeldrucks verschiedenen Praxis vergleicht und ferner beachtet, daß das Einmalen großer Anfangsbuchstaben innerhalb der einzelnen Sinnabschnitte sich in der Bibel nur in den Psalmen findet, nicht zweifeln können, daß dieser Donat vom Setzer A der 42zeiligen Bibel in der nach der 10. Lage bei ihm eintretenden Pause gesetzt und auf der zu diesem Bibelabschnitt gehörigen Presse gedruckt worden ist. In dieser Pause ist allerdings auch der in der 42zeiligen Bibeltype hergestellte liturgische Psalter gedruckt, aber der für diesen in der Hauptsache vorhandene Satz füllt die an dieser Stelle wahrzunehmende längere Pause für die Arbeitsstelle A nur zu einem kleinen Teil aus[2].“ Und an späterer Stelle: „Er (der D 26) ist . . . wahrscheinlich während des 42zeiligen Bibeldruckes zu Ende des Jahres 1455 von der . . . Arbeitsstelle A . . . in der Fust-Schöfferschen Druckerei fertiggestellt worden. Daß dieser Druck zur selben Zeit gedruckt wurde, wo der Liturgische Psalter entstand . . ., dafür spricht auch, daß sich die Auslassung gewisser Versalien, um sie durch Einzeichnung des Rubrikators hervorzuheben, nur in diesem Donat findet, soweit es sich wenigstens um Gutenberg- oder Schöfferdonate handelt. Denn etwas Ähnliches weisen doch gerade die Psalmen in der 42zeiligen Bibel auf. Die Existenz dieses 26zeiligen Donats ist ein unumstößlicher Beweis dafür, daß auch die älteste Gutenbergtype zu dem Fust seinerzeit verpfändeten Druckapparat Gutenbergs gehört hat[3].“

Die Auffassung Zedlers, daß der D 26 Ende 1455 von Fust und Schöffer gedruckt wurde, ist einigermaßen überraschend. Schwenke, der den D 26 zuerst bekannt gemacht hatte, war wegen der von ihm richtig beobachteten typographischen Verwandtschaft des D 26 mit dem Astronomischen Kalender für 1448 der Ansicht gewesen, daß der D 26 zwischen 1447 und 1450 gedruckt sein müsse[4]. Zedler hatte dagegen ebenso richtig eingewendet, daß der D 26 typographische Eigentümlichkeiten aufweise, die in die Zeit nach dem Aderlaßkalender für 1457 gehören. Er kam 1911 zu dem Ergebnis: „Nach allem scheint es mir nicht zweifelhaft zu sein, daß während der Umwandlung der Kalendertype in die 36zeilige Bibeltype, die naturgemäß eine gewisse Zeit erforderte, mit der noch nicht vollendeten Type in der ersten Hälfte des Jahres 1457 sowohl die Bulle Calixtus III. als auch der Trierer Donat gedruckt worden sind[5].“

Sowohl Schwenke wie Zedler arbeiten mit dem typographischen Argument. Der Fehler liegt, wie hier bemerkt sei, nicht in der Argumentation, die in beiden Fällen gut ist, sondern in einer Voraussetzung, die Schwenke und Zedler gemeinsam machen, nämlich in der Datierung des AK. Bedeutend schwächer ist der Beweisgang Zedlers in seinem neueren Werk „Gutenbergs älteste Type und die mit ihr hergestellten Drucke“. Was hat ihn 1934 bewogen, seinen 1911 geführten typographischen Nachweis, daß der D 26 nicht vor 1457 entstanden sein

[1] Vgl. die Tabelle in „Johannes Gutenbergs 42zeilige Bibel“, Erg.-Bd., Leipzig (1923), S. 29.
[2] Gutenbergs älteste Type, VGG XXIII (1934), S. 90. [3] A. a. O. S. 98.
[4] ZfB XXVII (1910), S. 68. In: Fünfzehn Jahre Königliche und Staatsbibliothek (1921), S. 35 wird der D 26 von Schwenke „zwischen 1448 und 1450“ datiert.
[5] Die Bamberger Pfisterdrucke und die 36zeilige Bibel, VGG X/XI (1911), S. 109.

könne, zu verleugnen und den D 26 für einen Schöfferdruck des Jahres 1455 zu erklären? Offensichtlich der Wunsch, seine Theorien über den Ausgang des Prozesses Fust gegen Gutenberg zu stützen. Der oben zitierte Schlußsatz seines Kapitels über den Berlin-Trierer Donat läßt diese Tendenz ganz deutlich erkennen. Die Gründe, die Zedler für seine veränderte Beurteilung des D 26 geltend macht, sind satztechnischer und textlicher Art. Da sie mit gleichem Recht auf den Krakauer D 27 wie auf den Berlin-Trierer D 26 bezogen werden können, muß ich hier auf Zedlers Thesen eingehen.

Zunächst die *satztechnischen* Gründe: Den guten Kolumnenschluß und die Aussparung von Spatien für Initialen verdankt nach Zedler der D 26 dem Setzer A der B 42. Daß auch der AK einen guten Kolumnenschluß anstrebt, habe ich im 1. Abschnitt dieses Kapitels nachgewiesen (S. 15). Ebenso hat bekanntlich die B 36 z. T. recht guten Kolumnenschluß, so daß es gar nicht nötig ist, nur dem Setzer der B 42 die Fähigkeit zuzutrauen, einen guten Zeilenschluß zu erzielen. Vielmehr dürfte die Sache so sein, daß der Setzer des AK, des D 26, des D 27 K, der B 40 K und der B 36 unter dem Eindruck des Mainzer Psalters von 1457 und der B 42 versucht, die von ihm bewunderten Vorbilder auch hierin nachzuahmen.

Ähnlich liegt die Sache bei den Spatien für handschriftliche Initialen. Während es beim Psalter herkömmlich, durch den Text bedingt und durch die handschriftlichen Vorlagen schon gegeben war, zahlreiche farbige Initialen zu setzen, ist das beim Donattext nicht der Fall; Zedler verweist mit Recht auf die übrigen Mainzer Donate, denen diese Zutat fehlt. Soweit hat Zedler richtig beobachtet. Schon hier ließe sich allerdings einwenden, daß in dem Psalterdruck von 1457 ebenfalls zahlreiche farbige, wenn auch gedruckte Initialen verwendet sind. Bekanntlich ist der farbige Initialschmuck des Fust-Schöfferschen Psalters eine seiner hervorragendsten Eigentümlichkeiten. Das Vorbild eines solchen Prachtdruckes kann einen mit bescheideneren Mitteln arbeitenden Konkurrenten angeregt haben, wenigstens für einen reicheren Schmuck mit *handschriftlichen* Initialen Vorsorge zu treffen. Zedler beachtet nicht, daß die Aussparung von Spatien für *handschriftliche* Lombarden noch in einem anderen Druck der DK-Type zu bemerken ist, nämlich im AK. Er wird wohl selbst nicht den Schluß ziehen wollen, daß deshalb der AK vom Setzer A der B 42 in dessen Arbeitspause gedruckt sein müsse. Ich habe im 1. Abschnitt dieses Kapitels (S. 16f.) darauf aufmerksam gemacht, daß die sorgfältige und planmäßige Vorbereitung von Initialspatien eine Eigentümlichkeit des AK-Druckers ist und habe daraus den Schluß gezogen, daß die Rubrizierung und Ausmalung der Arbeiten dieses Druckers in dessen eigener Werkstatt oder zumindest in seinem Auftrag erfolgte. Die Initialspatien des D 26 und des D 27 K sind ein weiterer Beweis für die Richtigkeit einer solchen Auffassung. Eine so primitive Technik ist *nicht* schöfferisch. Man denke auch an die durch Abschleifen von Nachbarbuchstaben hergestellten Ligaturen, an die zahlreichen mit der Hand hinzugefügten Kürzungszeichen im D 26; im D 27 K werden wir das gleiche Verfahren finden. Wie aber Fust und Schöffer das Problem farbiger Initialen lösten, zeigt eindeutig der Psalter von 1457. Die satztechnischen Argumente Zedlers scheinen mir daher das Gegenteil von dem zu beweisen, was er beweisen möchte. Der D 26 kann kein Druck Schöffers sein, sondern er ist, wie der AK, das Werk eines Mannes, der — angeregt durch die luxuriöse Ausstattung eines Schöfferdruckes — mit sehr viel bescheideneren Mitteln einen ähnlich prächtigen Effekt erzielen möchte[1].

Somit bleiben noch die *textlichen* Argumente Zedlers für seine Ansicht, daß der D 26 ein Druck Schöffers sein müsse. Schwenke hatte bereits in vorsichtiger Weise vermutet, daß der D 26 den Ausgaben in der B 42-Type und den holländischen Donaten näher stehe als den typenverwandten Ausgaben[2]. Zedler hat dann unter Verwertung der von Schwenke in dem Apparat seiner Textausgabe ermittelten Lesarten eine Scheidung der Mainzer Donate in zwei textliche Gruppen (A und B) vorgenommen, wobei A die Drucke in der DK-Type, B die Drucke in der B 42-Type umfaßt. Dabei stellte sich heraus, daß von den Drucken der DK-Type allein der Berlin-Trierer D 26 nicht Gruppe A, sondern Gruppe B folgt, daß Schwenkes Vermutung also richtig war. Zedler zieht nun die

[1] Otto Hupp hat, soweit ich sehe, als einziger diese Zusammenhänge mit sicherem aesthetischen Empfinden beurteilt. Vgl. Die Anfänge des Buchdrucks, in: Klingspor-Kalender für das Gutenbergjahr 1940, S. 10f.: „Diese Bibel (d. i. B 36) selber ist ... ein Nachdruck der Gutenbergischen Bibel, wie auch das merkwürdige Pergamentblatt, das in dieser Type die für das Jahr 1448 berechneten Ephemeriden der Monate Januar bis April enthält (AK), offenbar erst *in Anlehnung an den Prachtdruck des Psalters von 1457* entstand."

[2] ZfB XXVII (1910), S. 66.

Folgerung, daß sämtliche Drucke der Textgruppe A der Gutenbergischen Druckerei, sämtliche Drucke der Textgruppe B der Druckerei Fust und Schöffers bzw. Schöffers zugewiesen werden müßten[1]. Ohne mich hier auf die Zuweisung der beiden Gruppen an Gutenberg bzw. Fust und Schöffer einzulassen, die ich für falsch halte, ist doch zunächst einmal festzustellen, daß derselbe Drucker, der längere Zeit den Text A gedruckt hat, sich eines Tages entschließen konnte, den etwas besseren Text B nachzudrucken, ebenso wie z. B. der Drucker der B 36 zunächst eine mäßige Handschrift, dann aber die bessere B 42 nachdruckt. Übereinstimmende Textfassung kann selbstverständlich ebensowenig einen zwingenden Beweis *für* die Herkunft aus der gleichen Druckerei abgeben, wie etwa nicht übereinstimmender Text ein Grund *dagegen* wäre. Die Ergebnisse der Textvergleichung Zedlers, die an sich brauchbar sind, können daher, wie seine satztechnischen Argumente, nicht als eine ausreichende Grundlage seiner weitreichenden Schlüsse bewertet werden. Damit fällt die These Zedlers, daß der D 26 von dem Setzer A der B 42 in der Fust-Schöfferschen Offizin Ende 1455 gedruckt sein müsse. Die von Zedler selbst 1911 zusammengestellten typographischen Gründe für eine Entstehung des D 26 nach 1456 gewinnen wieder ihre volle Gültigkeit. Das gilt in gleicher Weise für D 27 K, denn wir werden sehen, daß er dem D 26 in jeder Hinsicht nahesteht.

Zunächst ist zu prüfen, wie sich D 27 K zu den *Text*gruppen A und B Zedlers verhält. Der oben mitgeteilte Text des Blattes Va ergibt in dieser Hinsicht nichts; dagegen finden wir auf Bl. IVa und IIIa folgende brauchbare Lesarten:

Schwenke 30, 55: ab hoc verbo (IVa, Z. 11)
30, 55: activo presens et futurum (IVa, Z. 11/12)
31, 43: ab hoc verbo (IIIa, Z. 19)
31, 43: passivo preteritum et futurum (IIIa, Z. 19/20)
32, 1—4: Audio—coniugabitur sic (IIIa, Z. 21—24).

Diese Varianten[2] gehören sämtlich zu Zedlers Textgruppe B, das ist die Textgruppe des D 26 und der Donate in der B 42-Type. Wir treffen damit abermals auf eine auffallende Übereinstimmung des D 27 K mit dem D 26, an der kein anderer Donat in der DK-Type teilnimmt.

Die engste Verwandtschaft zwischen D 26 und D 27 K wird darüber hinaus durch den *Typenzustand* zwingend bewiesen. Dieser Typenzustand ist derselbe wie in den Krakauer Probedrucken des AK und der B 40 K. Es ist die gleiche frisch gegossene tadellose Type. Stets wird nur die Anschlußform des i mit Schrägstrich gebraucht. Neben getrennten Formen treten die zusammengeschobenen Verbindungen von b mit a, von d mit o und von p mit a und e auf. Für ct erscheint häufig die zusammengesetzte Form mit hohem t, während die Ligatur der B 36 noch fehlt (IIIa 11, 15, 20, 21; IVa 4, 6, 11, 12, 16, 17); ſt erscheint dreimal in Ligatur (IVa 17). Rundes r wird nach o gesetzt (IVa 1, 13), aber nicht regelmäßig (IIIa 22). Die Anschlußformen werden mit größter Sorgfalt gehandhabt; es finden sich in sämtlichen Krakauer Probedrucken kaum Verstöße gegen das System. Es wurde schon oben bemerkt, daß das Fragezeichen der B 36 im D 27 K noch nicht vorkommt. Eine Eigentümlichkeit, die bereits Schwenke bei der Besprechung des D 26 hervorhob, ist die offenbar mangelhafte Versorgung dieses Typenzustandes mit Lettern für Buchstaben mit Kürzungszeichen. „Daß die Type sich in einem Übergangsstadium befindet, wird bestätigt durch den Umstand, daß einige Abkürzungen, wie per, pre, tur, für die schon in den ältesten Donaten besondere Typen vorhanden sind, hier (d. i. im D 26) durch den einfachen Buchstaben vertreten werden, dem das Abkürzungszeichen sauber mit der Hand hinzugefügt ist. Offenbar standen dem Drucker dafür noch keine befriedigenden Formen zur Verfügung[3].“ Die gleiche Erscheinung beobachten wir im D 27 K, nur daß selbstverständlich in dem Bürstenabzug die fehlenden Kürzungszeichen noch nicht handschriftlich hinzugefügt wurden. So fehlt der Querstrich im p (tpe IIIa 6, IVa 1, 2, 4, 7), der Haken für er (vba IVa 10, vbo IVa 11, Pretito IVa 14), der Haken für die Endung ur (legerent IIIa 2, legat IIIa 5, legam und legant

[1] Gutenbergs älteste Type, VGG XXIII (1934), S. 97: „Der Text ist, abgesehen von geringfügigen Verschiedenheiten, in jedem der beiden Fälle wieder ein einheitlicher. Dadurch ist doch erwiesen, daß beide Arten nur aus zwei verschiedenen Druckereien hervorgegangen sind, und diese zwei Druckereien können der Natur der Sache nach . . . nur die Gutenbergische und . . . Fust-Schöffersche bzw. Schöffersche Druckerei sein.“

[2] Ein sonst nicht belegter Fehler ist IIIa 20: lecturus (statt legendus, Schwenke 31, 44).

[3] ZfB XXVII (1910) S. 67f. Vgl. auch: Fünfzehn Jahre Königliche und Staatsbibliothek (1921), S. 35.

IIIa 6, legat und legam IIIa 7, legant IIIa 8, legat IVa 4, futo IVa 9, legit IVa 13, legūt IVa 14, legebam IVa 15, legebant IVa 16). Der Bedarf an solchen Kürzungsformen ist im Donat selbstverständlich besonders groß. Die Tatsache, daß die Type im D 27 K und D 26 noch unzureichend mit Kürzungsformen versehen ist, beweist, daß der Neuguß der Type, der für das große Unternehmen des bereits anlaufenden Bibeldruckes vorgenommen wurde, noch nicht abgeschlossen war.

Der Typenzustand des D 27 K muß eine Vorstufe der D 26-Type sein, weil im D 27 K das Fragezeichen noch fehlt. Doch müssen wir uns beide Typenzustände, die im übrigen völlig übereinstimmen, nur durch einen ganz kurzen zeitlichen Zwischenraum getrennt denken. Beide Drucke, D 27 K und D 26, gehören mit B 40 K und dem Krakauer Probedruck des AK einer vorbereitenden Phase des Bibeldruckes an. Damit gelangen wir auf einem anderen Wege zu demselben Ergebnis, zu dem uns schon die Untersuchung von B 40 K geführt hatte. D 26 hat ebenso wie B 40 K die neuen Formen für E und R (Bl. 1a, Z. 25; 9a, Z. 15), er hat die zahlreichen Ligaturen, wie B 40 K und D 27 K, er hat i z mit Schrägstrich wie AK, B 40 K und D 27 K, er hat ausgesparte Spatien in den Zeilen für einzumalende Lombarden wie AK und D 27 K, er hat gute Kolumnenausrichtung wie alle genannten Drucke, er hat darüber hinaus schon das Fragezeichen der B 36, das in B 40 K und D 27 K noch fehlt. Wenn wir diese Merkmale unbefangen und durch keine vorgefaßte Meinung beeinflußt betrachten, müssen wir den Schluß ziehen: Wir befinden uns mit dieser Gruppe von Druckwerken in einem Entwicklungszustand der Type, der jünger ist als die Türkenbulle von 1456, der unverkennbar auf die B 36-Type hinstrebt und der unmittelbar vor dem endgültigen Zustand liegt, den die Type im Bibeldruck erreicht hat. Wieder müssen wir die Frage stellen: Wie läßt sich mit diesen Beobachtungen, an deren Zuverlässigkeit und Überzeugungskraft nicht zu zweifeln ist, die herrschende Annahme vereinen, daß der gemeinsam mit B 40 K und D 27 K im Korrekturzustand überlieferte Astronomische Kalender bereits Ende 1447 gedruckt sein soll? Es gibt nur zwei Möglichkeiten: Entweder ist die 36zeilige Bibel Ende der vierziger statt Ende der fünfziger Jahre gedruckt. Das ist ausgeschlossen. Oder der AK ist Ende der fünfziger Jahre statt 1447 gedruckt. Nach Zedler ist an dem „zeitlich unverrückbaren Anker, den die älteste Gutenbergtype und mit ihr die früheste Mainzer Buchdruckgeschichte im Astronomischen Kalender besitzt", nicht zu rütteln[1]. Prüfen wir, ob das richtig ist.

IV. Datierung der Probedrucke

1. Das Problem des AK-Druckes

Der AK ist von verschiedenen Fachleuten auf die astronomische Substanz seines Textes untersucht worden. Der eigentliche Sinn des Druckes wurde bei einer Betrachtungsweise, die weniger historisch als naturwissenschaftlich orientiert war, nicht recht klar. Schon Zedler[2] bemerkte: „Die Frage, welchem Zweck der Einblattdruck gedient hat, ist nicht leicht zu beantworten." Zedlers Vermutungen über den Zweck des AK bleiben denn auch unentschieden, vermengen Richtiges mit Falschem und gehen dem angesprochenen Problem nicht auf den Grund. Trotzdem ist Zedler der einzige, der überhaupt auf die Frage der inhaltlichen Bedeutung des AK ausführlicher eingegangen ist. Die späteren Autoren erörtern mit Ausnahme von Zinner das Problem nicht mehr und charakterisieren nach dem Vorgange Zedlers den AK als eine Art „Kalender"[3], der ähnlich zu beurteilen sei, wie die zeitgenössischen für ein bestimmtes Jahr berechneten Aderlaßtafeln, die man in der Inkunabelkunde Almanache zu nennen pflegt und von denen aus dem 15. Jahrhundert über vierhundert bekannt sind[4].

[1] Zedler, Gutenbergs älteste Type, VGG XXIII (1934), S. 50.

[2] Die älteste Gutenbergtype, VGG I (1902), S. 9.

[3] So z. B. Aloys Ruppel, Johannes Gutenberg, Berlin 1939, S. 125. Im Gesamtkatalog der Wiegendrucke ist der AK ebenfalls als ein für ein bestimmtes Jahr berechneter Kalender aufgefaßt und eröffnet deshalb den Artikel „Almanach" (GW 1285).

[4] Vgl. Erich von Rath, Artikel „Almanach" im Reallexikon zur deutschen Kunstgeschichte, hrsg. von O. Schmitt, Stuttgart 1932ff., Sp. 375ff. Reiches Anschauungsmaterial bietet das Werk Heitz-Haebler, Hundert Kalender-Inkunabeln, Straßburg 1905.

Zedler hatte zuerst 1901 in einer kurzen Anzeige[1], ausführlicher dann 1902 in seiner Veröffentlichung „Die älteste Gutenbergtype“ die beiden Fragmente des Textes bekannt gemacht, den er fast stets als „Astronomischen Kalender“, gelegentlich auch als „Ephemeride der Mondphasen, der Sonne und der alten Planeten“ bezeichnete. Die zweite und richtigere Benennung war einem Gutachten entnommen, das Zedler vom Berliner Astronomischen Recheninstitut erhalten hatte[2]. Dieses Gutachten behauptete, daß die Ephemeride die Bewegungen der Himmelskörper so darstelle, wie sie im Jahre 1448 gewesen sein müssen. Eine auf Wunsch Dziatzkos von der Göttinger Sternwarte (Prof. Ambronn) vorgenommene Nachrechnung führte zu dem gleichen Ergebnis[3]. Konrad Haebler übte 1930 Kritik an dem Verfahren, sich bei der Bestimmung der Ephemeride der Hilfsmittel der neuzeitlichen Astronomie statt derer des 15. Jahrhunderts zu bedienen[4]. Dieser durchaus beachtliche Einwand ist gegenstandslos, seitdem auf meine Anregung Ernst Zinner, der Direktor der Remeis-Sternwarte in Bamberg, den AK nochmals prüfte und dabei die Ekliptiklängen für Jupiter und Saturn im AK mit den Angaben eines zeitgenössischen, möglicherweise von Regiomontan errechneten Jahrbuchs für 1448 und mit dem Leipziger Jahrbuch (Nürnberger Stadtbibliothek Cent. VI, 16) verglichen hat[5]. Der Vergleich mit den genannten Jahrbüchern des 15. Jahrhunderts hatte kein anderes Resultat als die Berechnung mit Hilfe der modernen Bahnelemente: Die Angaben des AK entsprechen den Bewegungen der Himmelskörper des Jahres 1448. Davon müssen wir ausgehen, und eine Kritik an den Aufstellungen Zedlers, die in dieses Ergebnis Zweifel setzt, geht fehl.

Wohl aber muß es starkes Bedenken erregen, daß Zedler und seine Nachfolger den Text als „Kalender“ bezeichnen. Das Wort „Kalender“ erweckt die falsche Vorstellung, als ob es sich um ein praktisches, ausschließlich für den Gebrauch im Jahre 1448 bestimmtes Hilfsmittel der Zeitrechnung handele. Das ist nicht der Fall. Wenn das Berliner Astronomische Recheninstitut den Text als „Fragment einer Ephemeride der Mondphasen, der Sonne und der alten Planeten“ definierte, so war das weniger mißverständlich und im Sinne der modernen Astronomie sogar völlig korrekt; es traf insofern allerdings nicht das Richtige, weil es nicht mittelalterlich gedacht war. Nach der geozentrischen Auffassung des 15. Jahrhunderts, für die das Weltbild des Aristoteles und Ptolemäus noch Gültigkeit hatte, waren die Sonne und der Mond ebenfalls Planeten. Sie gehörten zur Siebenzahl der damals bekannten Wandelsterne: Mond, Merkur, Venus, Sonne, Mars, Jupiter, Saturn. Wenn man, wie es für ein wirkliches Verständnis notwendig ist, den Text mit den Augen des 15. und nicht des 20. Jahrhunderts ansieht, so ist er eine Planetentafel, welche den Stand der Planeten (im Tierkreis) zur Zeit der Neu- und Vollmonde des Jahres 1448 angibt. Mit einem Kalender hat eine solche Planetentafel *nichts* gemein; die Monatsnamen, welche den Text abteilen, sind eine äußerliche Zutat, machen aus ihm aber noch keinen Kalender. In einer anderen Veröffentlichung des gleichen Druckers, in dem politisch-astrologischen Gedicht „Mahnung der Christenheit wider die Türken“, ist der Text ebenfalls nach Monaten aufgeteilt und jeder Abschnitt, in dessen Schlußzeilen zusammenhanglos die Zeit des Neumonds mitgeteilt wird, hat einen Monatsnamen zur Überschrift. Auch die Türkenmahnung ist deshalb selbstverständlich noch kein Kalender, sondern es handelt sich um eine spielerische und geheimnistuerische Verknüpfung eines zeitgeschichtlich aktuellen Themas (1453 war Konstantinopel gefallen, worauf der Text Bezug nimmt) mit den astrologisch bedeutsamen Neumondsterminen („auch werden dis iar xij nuwer schin visiteren die xij zeichen des himmels din“) und einigen wenigen kalendarischen Elementen (Goldene Zahl, Intervall, Sonntagsbuchstabe) für das Jahr 1455. Die Mischung christlicher und astrologischer Tendenzen ist in diesem Text besonders merkwürdig[6].

Ebensowenig glücklich wie die Bezeichnung „Kalender“ ist das Eigenschaftswort „astronomisch“ für den AK gewählt. Ich sehe ganz davon ab, daß jeder Kalender auf astronomischen Grundlagen beruht, daß es also einen nicht astronomischen Kalender nicht geben kann. Das Wort „astronomisch“ trifft hier durchaus nicht das Wesentliche. Dem Mann, der die Planetentafel durch den soeben erst erfundenen Buchdruck vervielfältigen ließ, kam es gewiß nicht auf wissenschaftliche astronomische Erkenntnisse und ihre Verbreitung an, sondern er wollte

[1] Ein neu aufgefundener Gutenbergdruck, ZfB XVIII (1901) S. 501ff. [2] VGG I (1902), S. 4—6 im Wortlaut abgedruckt.
[3] Göttingische Gelehrte Anzeigen 164 (1902), S. 986, Anm. 2. [4] Die Erfindung der Druckkunst . . . Mainz 1930, S. 10.
[5] Der astronomische Kalender von 1448, Beiträge zur Inkunabelkunde, N. F. II (1938), S. 128ff.
[6] Abdruck des Textes in: Sammlung bibliothekswiss. Arb., H. 14, Leipzig (1901), S. 87—92.

einen Behelf für die astrologische Praxis schaffen. Die sieben Planeten, der Tierkreis und die Mondphasen waren die Grundelemente der astrologischen Systematik[1]. Der Titel „Astronomischer Kalender", den Zedler dem Text gegeben hat, verdeckt daher Inhalt und Zweck des Druckes in geradezu irreführender Weise. Richtig wäre es, von einer „astrologischen Planetentafel" zu sprechen. Ich lasse es bei dem alten Namen, der in der Gutenbergforschung seit über vierzig Jahren eingebürgert ist, um keine Mißverständnisse durch die doppelte Benennung des gleichen Textes hervorzurufen, weise aber auf die Unrichtigkeit des üblichen Namens mit Nachdruck hin.

Noch gefährlicher als der Name waren die Folgerungen, die Zedler aus dem Inhalt des AK ableitete und die Schwenke bewogen haben, seine noch wenige Monate vor der ersten Veröffentlichung Zedlers mit nüchterner Klarheit formulierten Ansichten über die frühe Mainzer Typographie[2] entscheidend zu ändern. Zedler folgerte aus dem Text, daß er vor 1448 nicht nur entstanden, sondern auch *gedruckt* sein müsse. „Der Inhalt des Kalenders (sic !) schließt die Möglichkeit der Annahme, daß er zwar für dieses Jahr ursprünglich bestimmt gewesen, nicht aber auch gedruckt worden sei, vollständig aus"[3]. Das „über allen Zweifel erhabene frühe Druckjahr 1447"[4] wurde so die wichtigste Zeitmarke für die Anfänge des Buchdrucks und die Type des AK wurde damit von Zedler zur „ältesten Gutenbergtype" erklärt, wie es schon der programmatische Titel seiner Veröffentlichung aussprach. Man kann Dziatzko und Schwenke den Vorwurf nicht ersparen, daß sie Zedlers umstürzenden Folgerungen mit zu geringer Kritik gefolgt sind. Sie hätten die Gutenbergforschung sonst vor dem Irrweg mehrerer Jahrzehnte bewahren können. Der Einzige, der in dieser Frage sich durch Zedler nicht hat beirren lassen, war — wie wir noch sehen werden — Otto Hupp. Dziatzko erhob keinen Einspruch; sein Mißtrauen war offenbar wach, sonst hätte er den Text des AK nicht zur Nachprüfung der Göttinger Sternwarte vorgelegt. Schwenke formulierte 1903 seine Meinung zwar etwas zurückhaltender als Zedler, aber doch im wesentlichen beipflichtend: „Gänzlich ausgeschlossen scheint, daß der Kalender (sic !) erst nach dem Jahre, für das er gilt, gedruckt sein sollte[5]." Schwenke hat diese Auffassung, die zu übernehmen ihm gewiß nicht leicht geworden war, nicht mehr revidiert. Noch in dem aus seinem Nachlaß 1923 herausgegebenen Erläuterungsband zur Faksimileausgabe der 42zeiligen Bibel schreibt er, daß die Chronologie der kleinen Mainzer Druckdenkmäler „durch den auf 1448 berechneten Astronomischen Kalender einiges Licht erhält"[6]. Die Stellungnahme des nach Dziatzkos Tod führenden Vertreters der Gutenbergforschung zugunsten der These Zedlers dürfte nicht wenig zu ihrem allgemeinen Siege beigetragen haben. Einspruch gegen die frühe Datierung des AK erhoben später Hupp und ihm folgend Bömer. Schon 1917 vertrat Hupp die Ansicht, daß aus *typographischen* Gründen zwischen dem für 1448 berechneten textlichen Inhalt des AK und dessen Wiedergabe im Druck geschieden werden müsse. Das „Fehlen aller altertümlichen Erscheinungen, in Verbindung mit dem Vorhandensein nachweislich späterer Formen, zwingt mich, den Astronomischen Kalender für später gedruckt zu halten, als man ihn ausgibt"[7]. Hupp möchte daher den AK für einen Probedruck halten, der ohne Rücksicht auf den Inhalt als Muster typographischer Kunstfertigkeit aus Reklamegründen hergestellt wurde[8]. Diese Erklärung ist sehr kühn und man kann Bömer nicht zustimmen, wenn er sie ohne Widerspruch übernimmt und den AK als einen „Reklamedruck" Gutenbergs, der

[1] Vgl. Franz Boll (unter Mitwirkung von Bezold, hrsg. von Gundel), Sternglaube und Sterndeutung, und die Artikel von Viktor Stegemann „Sternbilder" und „Sterndeutung" im Handwörterbuch des deutschen Aberglaubens (Nachträge). Über den besonderen Einfluß, den astrologische Vorstellungen im deutschen Spätmittelalter ausübten, vgl. die zusammenfassende Darstellung bei Willy Andreas, Deutschland vor der Reformation, 3. Aufl., 1942, S. 210—217.

[2] Gutenberg und die Type des Türkenkalenders, ZfB XVIII (1901), S. 289—296.

[3] ZfB XVIII (1901), S. 501. Ähnlich bestimmt in VGG I (1902), S. 7: „Eine astronomische Ephemeride wie diese kann nur für das Jahr gedruckt worden sein, für das sie berechnet war." [4] ZfB XVIII (1901), S. 501.

[5] Die Donat- und Kalendertype, VGG II (1903), S. 10. Selbstverständlich mußte Schwenke dann auch die typographischen Folgerungen Zedlers annehmen, a. a. O. S. 28: „Über die Zuweisung des Astronomischen Kalenders an Gutenberg brauchen wir kein Wort zu verlieren." Noch zwanzig Jahre nach Schwenkes Tod schrieb Zedler, daß Schwenkes ursprüngliche Auffassung von der Mainzer Typographie ein „Kartenhaus" gewesen sei, „das ich durch den im selben Jahre entdeckten Astronomischen Kalender für 1448 ohne weiteres umgestoßen habe; auch die Annahme von mehreren uns unbekannten Druckern in der Frühzeit der Buchdruckerkunst und anderes waren Irrtümer, wie sie ein vorwärtsstrebender Mensch nur zu leicht begeht." ZfB 59 (1942), S. 219. Mit Recht hat Zedler die Datierung des AK stets für eine wesentliche Position seiner Gutenbergtheorie gehalten.

[6] A. a. O. S. 3. [7] Zum Streit um das Missale speciale Constantiense, S. 78.

[8] Bekannter wurde diese Theorie durch den Aufsatz Hupps „Das Bild Gutenbergs", GJ 1935 (S. 22ff. über den AK).

1457 seine Typen habe verkaufen müssen, oder gar als „besonders gut ausgestatteten Musterdruck" der Erben Pfisters erklären möchte, die 1466 nach dem Tode Pfisters sein Typenmaterial zu veräußern wünschten[1]. Die Deutung Hupps und Bömers ist nicht nur unbeweisbar, sondern sie teilt die Schwäche der These Zedlers, daß sie den Inhalt des AK für einen binnen Jahresfrist veralteten Kalendertext hält. Daß 1466 als Druckjahr aus inhaltlichen Gründen nicht wahrscheinlicher als jedes andere, aus typographischen Gründen aber unmöglich ist, sei nebenbei bemerkt. Wie im übrigen eine Typenprobe der Inkunabelzeit aussah, wissen wir aus dem Schriftmusterblatt Erhard Ratdolts von 1486, das in seiner Anordnung gewiß nicht zufällig mit den im 14. und 15. Jahrhundert allgemein bekannten, weil öffentlich ausgehängten Reklameblättern der Schreibmeister völlig übereinstimmt[2]. Der Versuch Hupps und Bömers, durch ihre Erklärung die Frage nach dem *Inhalt* des merkwürdigen Druckwerks als unwesentlich auszuschalten, kann nicht befriedigen und vereinfacht das Problem in unzulässiger Weise.

Wer die Frage, welchem Zweck der AK gedient hat, beantworten will, hat drei Besonderheiten des Druckes zu erklären: seinen Inhalt, seine sprachliche Form, seine äußere Aufmachung. Überzeugend kann nur eine Erklärung sein, die keine dieser drei Eigentümlichkeiten vernachlässigt und die für alle drei eine übereinstimmende Interpretation bietet. Hupps und Bömers Erklärungsversuche beachten nur die äußere Aufmachung, Zedlers nur den Inhalt, wobei Zedler es überdies unklar läßt, ob der AK ein astronomischer oder ein astrologischer Text ist. Während er zu Beginn seiner Ausführungen meint, daß Bauschinger „wohl das Richtige" getroffen habe, wenn er vermute, daß der Druck als Ergänzung des immerwährenden Kalenders gedacht sei, scheint es ihm an späterer Stelle „nicht zweifelhaft", daß der AK astrologischen Zwecken gedient habe[3].

Die Unsicherheit Zedlers in der Beurteilung des AK ist unverkennbar. Er hätte den astrologischen *Inhalt* des AK präziser erfassen können, wenn er statt des von ihm herangezogenen Almanachs für 1504 die sachlich mit dem AK näher verwandten Ephemeriden Regiomontans zitiert hätte, von denen er behauptet, daß sie „in erster Linie wohl für astronomische und nautische Zwecke" bestimmt gewesen seien. Nun heißt es aber in Regiomontans Jahrbüchern ausdrücklich, daß sie für „die vielseitigen Tätigkeiten des Arztes, für die menschliche Geburt und ihre Zukunftsdeutung, für die Wettervorhersage, für den Beginn der Beschäftigungen, electiones genannt und unzählige andere bürgerliche Arbeiten" von Nutzen sein können[4]. Mit Hilfe eines Jahrbuchs konnte man also die ärztliche Kunst ausüben, in der es nach der Anschauung der Zeit die günstigen Zeiten für Aderlässe, Laxiermittel, Bäder zu bestimmen galt; man konnte mit ihm Horoskope und Prognostikationen stellen und die glückhaften Termine für die Vornahme bestimmter landwirtschaftlicher Arbeiten, für das Abstillen eines Kindes, für den Antritt einer Reise oder einer geschäftlichen Unternehmung ermitteln. Das bequemste Hilfsmittel für solche Sterndeutung mußten natürlich Jahrbücher sein, wie sie Regiomontan für jeden Tag der Jahre 1475—1506 berechnete und als erster im Druck veröffentlichte. Das war eine revolutionäre Neuerung.

Bei dem Range eines Gelehrten, wie Regiomontan einer war, ist der Gedanke naheliegend, daß er seine Jahrbücher auch für wissenschaftlich-astronomische oder für praktisch-nautische Zwecke verwendet wissen wollte. Hierfür waren sie gewiß ebenso brauchbar, wie für die horoskopischen oder prognostischen Berechnungen eines Astrologen. Aber wir müssen uns hüten, die rationalistischen Tendenzen der modernen Naturwissenschaft in die teils christliche, teils heidnisch-astrologische Weltauffassung des 15. Jahrhunderts hineinzusehen. Es ist bekannt, daß Kolumbus und Vespucci Regiomontans Ephemeriden besessen haben[5]. Jedoch gibt es zu denken, daß die Randbemerkungen des Kolumbus zu Regiomontans Jahrbüchern auf das deutlichste beweisen, wie sehr er sie im Sinne astrologischer Lehren benutzt hat. So bleibt er im Hafen liegen, wenn er wegen der ungünstigen Konstellation der Gestirne einen Sturm befürchtet. Das ist astrologische, aber nicht astronomische Nautik.

[1] ZfB 53 (1936), S. 289f.

[2] Vgl. Wehmer, Die Schreibmeisterblätter des späten Mittelalters, in: Miscellanea Giovanni Mercati Vol. VI, Studi e Testi 126, p. 147ff., Città del Vaticano, 1946. Ratdolts Schriftprobenblatt ist verschiedentlich abgebildet worden, vgl. Veröff. d. Ges. f. Typenkunde des XV. Jahrhunderts, Taf. 1501 oder „Deutscher Buchdruck im Jahrhundert Gutenbergs", Leipzig (1940), Taf. 66.

[3] VGG I (1902), S. 9 und 11.

[4] Über Regiomontans Jahrbücher vgl. Ernst Zinner, Leben und Wirken des Johannes Müller von Königsberg, München (1938), S. 140ff.

[5] Vgl. Zinner a. a. O., S. 143ff.

Während man Regiomontans Jahrbücher immerhin auch nach Art moderner Ephemeriden hätte verwenden können, ist es vollkommen ausgeschlossen, daß der AK für astronomische oder wissenschaftliche Zwecke bestimmt war. Seine Angaben enthalten nicht nur einzelne recht beträchtliche Fehler, sondern sie sind im ganzen, da sie die Planetenörter nur roh nach Graden, nicht nach Minuten und Sekunden bestimmen, auch vom Standpunkt der Wissenschaft des 15. Jahrhunderts aus als primitiv und lediglich für den Laiengebrauch geeignet zu bewerten. Der AK erlaubt nur grobe und überschlagmäßige Berechnungen, die gerade ausreichen, um einigermaßen verläßlich die Tierkreisbilder ausfindig zu machen, in denen sich der Planet jeweils befindet. Ich verweise auf das, was Viktor Stegemann weiter unten über diese Frage ausführt. Der AK ist also keine wissenschaftliche Arbeit, sondern nur die populäre Auswertung einer solchen. Es ist undenkbar, daß der gelehrte Astronom, der ursprünglich die Mondphasen und Planetenörter des Jahres 1448 berechnet hat, identisch ist mit dem Bearbeiter, der das Manuskript des AK niederschrieb. Wir müssen damit rechnen, daß zwischen der Urfassung und der im AK gedruckten Fassung der astronomischen Angaben ein, vielleicht auch mehrere Zwischenglieder lagen. Diese Mehrschichtigkeit der Vorlage des AK wird niemand überraschen, der das gleiche Problem aus der Textgeschichte anderer Drucke derselben Type kennt; ich erinnere an die Türkenmahnung und den Cisioianus (rheinfränkische Überarbeitungen nach elsässischer Vorlage), an die Türkenbulle (mittelrheinische Übersetzung nach lateinischer Vorlage) und an das Provinciale Romanum (stark verderbtes populäres Derivat eines offiziösen kurialen Textes). Alle diese Texte haben, ebenso wie das nur in einem Fragment erhaltene Sibyllenbuch, ihre kürzere oder längere Vorgeschichte gehabt, ehe sie zum Druck kamen. Dieser Drucker war, wie wir ja auch aus der von ihm zunächst benutzten mäßigen handschriftlichen Vorlage seines Bibeldruckes wissen, nicht sehr wählerisch bei der Beschaffung seiner Manuskripte. Warum sollte gerade beim AK die Sache anders liegen?

Ein Beweis für die Richtigkeit dieser Auffassung ist die *Sprache* des AK. Der Gelehrte, der die Ephemeride für 1448 berechnete, hat seinen Text gewiß nicht deutsch, sondern lateinisch niedergeschrieben. Die deutsche, in rheinfränkischer Mundart abgefaßte Bearbeitung der Planetentafel setzt bei dem Charakter des Textes eine lateinische Vorlage notwendig voraus. In den lateinischen Monatsnamen des AK darf man vielleicht noch die Spuren dieser Vorlage sehen (in der Türkenmahnung, für die es eine lateinische Vorlage bestimmt nicht gegeben hat, sind die Monatsnamen deutsch). Andererseits ist die deutsche Sprache des AK ein Beweis dafür, daß der Druck nicht für Gelehrte, sondern für die „simpliciores", für den einfachen Mann, den ungelehrten Leser bestimmt war. Wenn also von modernen Astronomen behauptet wird, daß der AK das Fragment einer Ephemeride für 1448 sei, so muß man hinzufügen, daß dieser gewiß vorhandene gelehrte Kern des Textes im Druck des AK nur in einer abgeleiteten, inhaltlich vergröberten und sprachlich vulgarisierten Form vorliegt. Deshalb ist kein Zweifel möglich, daß der Zweck des Druckes ausschließlich populär-astrologischer Art sein kann.

Die von Zedler mitgeteilte Vermutung Bauschingers, daß zu dem AK auf einem anderen Blatt ein „eigentliches Calendarium" gehört habe, oder daß der AK als „astronomische Ergänzung eines immerwährenden Kalenders" gedacht gewesen sei[1], ist unhaltbar. Diese Hypothesen kranken ebenfalls daran, daß sie den modernen naturwissenschaftlichen und nicht den mittelalterlich astrologischen Charakter einer Ephemeride zugrunde legen. Es ist nicht möglich, daß ein Drucker des 15. Jahrhunderts die Absicht gehabt haben könnte, einem Laien (denn der Text ist volkssprachlich!) ein Hilfsmittel in die Hand zu geben, mit dem dieser den immerwährenden Julianischen Kalender astronomisch hätte korrigieren können oder gar sollen. Mit dem Mondzyklus des Julianischen Kalenders war der Termin des größten christlichen Festes (Ostern) verknüpft, das auf den Sonntag nach Frühlingsvollmond fallen soll. Die beiden Voraussetzungen der mittelalterlichen Osterberechnung, daß nämlich das tropische Jahr 365 Tage 6 Stunden enthalte und daß der Zyklus von 235 synodischen Monaten gerade 19 Julianischen Jahren gleichkomme, waren bekanntlich falsch. Das tropische Jahr enthält nur 365 Tage 5 Stunden 48 Minuten 48 Sekunden und der Zyklus von 235 Mondmonaten beträgt nur 6939 Tage 16 Stunden 31 Minuten 45 Sekunden. Die wahren Nachtgleichen und die wahren Neumonde lagen daher tatsächlich immer früher, als es der kirchlich sanktionierte Julianische Kalender angab. Jede öffentliche Diskussion der im Laufe von etwa

[1] VGG I (1902), S. 9.

310 Jahren um einen Tag wachsenden Unstimmigkeit zwischen astronomischer und zyklischer Rechnung (die für die Mondphasen 1448 also nicht, wie Zedler[1] angibt, zwei, sondern schon über vier Tage betrug) wäre Häresie gewesen. Sogar ein Mann wie Regiomontan hat 1475 in der deutschen Ausgabe seines Kalenders die Sätze der lateinischen für die gelehrte Fachwelt bestimmten Ausgabe getilgt, in denen er über die Fehler der Kalenderrechnung handelte[2]. Die Fehler führten praktisch dazu, daß Ostern nicht immer am Sonntag nach Frühlingsvollmond gefeiert wurde. Den besseren Köpfen des 15. Jahrhunderts wie auch schon früherer Jahrhunderte war die Unstimmigkeit des kirchlichen Kalenders ein bekanntes wissenschaftliches und als „scandalum in fide" vor allem kirchliches Problem[3]. Es in die breite Öffentlichkeit zu tragen, wäre ihnen aber niemals beigefallen; die „simpliciores" durften nicht beunruhigt werden[4]. Die Frage wurde nach den vergeblichen Bemühungen des Konstanzer und Basler Konzils, auf deren Programm sie stand, endlich durch die Gregorianische Kalenderreform seit 1582 schrittweise gelöst; in der griechisch-orthodoxen Kirche lebte sie bis in unser Jahrhundert fort. Der AK gab nun für das Jahr 1448 die astronomisch richtigen und nicht die zyklischen Termine der Neu- und Vollmonde an. Er befand sich damit im Widerspruch zur zeitgenössischen kirchlichen Kalenderrechnung. Es ist daher ausgeschlossen, daß er, wie Bauschinger vermutete, als zweites Blatt zu einem „eigentlichen Kalendarium" gehört oder als Ergänzung des immerwährenden (Julianischen) Kalenders gedient haben könnte.

Also muß eine kirchlich-kalendarische Benutzung des AK ebenso ausscheiden, wie eine rein astronomische. Dann bleibt allein die astrologische. Damit stimmt auch die *Aufmachung* des Druckes am besten überein[5]. Ein übergroßer Einblattdruck ist für einen gelehrten Zweck ebenso ungewöhnlich, wie für einen primitiv publizistischen Zweck natürlich. Das ist kein Text, in dem ein Gelehrter lesen und nachschlagen, sondern der als Wandtafel oder als Plakat aufgehängt werden und stets vor Augen sein sollte. Auch die Möglichkeit, daß er auf ein schaulustiges Publikum wirken sollte, ist zu bedenken. An einem Plakat kann man demonstrieren, anderen etwas erklären. Eine Ephemeride für gelehrte astronomische Studien kann so nicht aussehen; für sie wäre die Broschüre oder das Buch die zweckmäßige und durch handschriftliche Vorbilder gegebene Form. Die Wahl des wertvollen Pergaments ist bei einem volkstümlichen Druck auffallend. Die mir bekannten, immerhin für den Gebrauch eines ganzen Jahres bestimmten Almanache (Aderlaßtafeln) sind auf Papier gedruckt. Der AK sollte also längere Zeit benutzt und strapaziert werden, ähnlich wie die auf Pergament gedruckten Mainzer Schulausgaben des Donat. Der Druck auf Pergament beweist, daß der Drucker mit einer langfristigen Lebensdauer seiner Veröffentlichung rechnete. Das war kein Druck, der nach einem Jahr wieder weggeworfen werden sollte, wie ein Kalender.

Die Frage ist, ob eine für 1448 berechnete astrologische Planetentafel mit Ablauf dieses Jahres ihren Wert verliert. Jede theoretische Erörterung hierüber ist überflüssig, da Viktor Stegemann in dem Beitrag, den er auf

[1] A. a. O., S. 9.

[2] Vgl. Der deutsche Kale der des Johannes Regiomontan Nürnberg um 1474. (Veröff. d. Ges. f. Typenkunde d. XV. Jahrhunderts — Wiegendruckgesellschaft R. B, Bd. 1), Leipzig 1937. Einleitung von Ernst Zinner S. 9.

[3] Als solches hat es Nicolaus de Cusa in seiner für das Baseler Konzil zwischen 1434 und 1436 verfaßten Schrift „de correctione kalendarii" behandelt, auf die mich Viktor Stegemann hinweist. Daß das Problem bekannt war, beweist z. B. der Anfang des 3. Kapitels: „Error alius quoad menses lunares et incensionum dies in kalendario per decemnovenalem aureum numerum signatas omnibus adeo manifestus est quod declaratione non eget. Nam non ostendit hodie lunam primam, sed plus quam quartam" (zitiert nach dem Manuskript der von Stegemann vorbereiteten Ausgabe der Heidelberger Akademie der Wissenschaften). Zum Thema vgl. Honecker, Die Entstehung der Kalenderreformschrift des Nikolaus von Cues, Hist. Jahrbuch 60 (1940), S. 581ff.

[4] Aufschlußreich sind einige Sätze in dem auch anläßlich des Baseler Konzils (etwa 1439) entstandenen „Tractatus de correctione kalendarii" von Hermannus Zoestius O. Cist., dessen Kenntnis ich ebenfalls Stegemann verdanke. Ich benutze die von Stegemann nach Cod. Mellicensis 1916 vorbereitete Ausgabe. Zoestius hält die Unstimmigkeit des kirchlichen Kalenders für ein schweres Übel: „quod quidem est scandalum pusillorum et simplicium rusticorum. Qui cum vident pascha saepius celebrari non domenica post plenilunium, scilicet tertia lunationis domenica, sed quarta parum ante novilunium, maxime scandalizantur. Habent enim regulam in alamania rikmatice compositam, per quam cognoscunt, an pascha debite celebretur an non. Quae quidem talis est „Nach dem obrist („oberster tag" 6. I., Epiphania, vgl. Grotefend, Zeitrechnung I, S. 137) drew manat new, darnach der dritt suntag ist der heilig ostertag". Et valet tantum in Latino: „Post regum festa quaeras novilunia terna. Solis terna dies succedens pascha tenebit". Et quia istud scandalum non est pharisaeorum, de quo non est curandum, sed est pupillarum, ideo maxime fuit auferendum. Dicit enim dominus Matthaei XVIII°: Qui autem ..." usw. Die Ausführungen lassen die Sorge des Klerikers erkennen, daß eine Diskussion der Kalenderfrage im einfachen Volk die Autorität der kirchlichen Lehre gefährden könne.

[5] Man vgl. für das Folgende die Ausführungen über die äußere Form des AK S. 13.

meine Bitte dieser Ausgabe der Mainzer Probedrucke beifügt, den Beweis geliefert hat, daß ein Astrologe mit Hilfe der Angaben des AK und elementarer astrologischer Kenntnisse z. B. das Geburtshoroskop eines Menschen berechnen kann, der am 6. I. 1459 vormittags um 10 Uhr geboren ist. Da er die Rechnung praktisch vorführt, ist ein Zweifel über diesen Punkt nicht mehr möglich. Damit ist die Sache abgetan: Der AK hatte nicht nur 1448 Gültigkeit, sondern war mindestens für einen Zeitraum von etwa 30 Jahren ein brauchbares Hilfsmittel für Laienastrologen. Hält man mit dem Ergebnis der Untersuchung Stegemanns unsere Beobachtungen über Inhalt, sprachliche Form und Aufmachung des AK zusammen, so ist der Zweck des AK eindeutig geklärt: *Eine astrologische Planetentafel, die für ungelehrte Benutzer bestimmt war.* Bürgersleute und Bauern konnten sich das Blatt in ihre Stube hängen, um es in allen schwierigen Fällen des Lebens zu Rate zu ziehen, ob das nun ein Aderlaßtermin, die Geburt eines Kindes[1], eine Reise, die Feldbestellung oder eine Heirat war[2]. Aber auch volkstümliche Heilkundige und Sterndeuter, die sich zwischen Gauklern und fahrenden Leuten auf Jahrmärkten produzierten[3], die Krieg und Frieden, Naturkatastrophen und Hungersnöte prophezeiten, Horoskope stellten und gegen Honorar Ängstliche und Neugierige einen Blick in die Zukunft tun ließen, konnten mit dem AK ihre dunklen Künste üben. In diese Umgebung, in diese soziale Sphäre[4] gehört der merkwürdige Einblattdruck, den die zünftige Gutenbergforschung in seiner Bedeutung vollkommen verkannt hat. Der gelehrte Astronom, aber auch der gelehrte Astrologe des 15. Jahrhunderts, der mit Hilfsmitteln in der Art der Alfonsinischen Tafeln oder der Jahrbücher Peuerbachs und Regiomontans zu arbeiten gewohnt war, kann für das plumpe Machwerk des AK nur ein geringschätziges Lächeln gehabt haben.

Damit ordnet sich der AK auf befriedigende Weise inhaltlich in eine Gruppe von Mainzer Drucken ein, in deren Nachbarschaft er auch typographisch gehört. In gleicher Type sind das in die Form eines Kalenders für 1455 gekleidete astrologisch-politische Gedicht über die Türkengefahr (Hain 10741), das wegen seiner Prophetie eines über die Ungläubigen siegreichen Kaisers Friedrich gedruckte Sibyllenbuch (de Ricci 1), ein deutscher Cisioianus (GW 7054) und der astrologische Aderlaß- und Laxierkalender für 1457 (GW 1286) gedruckt. In die Linie dieser astrologisch-kalendarischen Verlagsproduktion paßt eine deutsche astrologische Planetentafel durchaus.

[1] Die zeitgenössischen privaten Aufzeichnungen über Familienereignisse lassen erkennen, welche Bedeutung man der Konstellation der Gestirne in der Geburtsstunde eines Kindes im 15. Jahrhundert beimaß. Als Beispiele führe ich aus den autobiographischen Notizen Johann Pirckheimers an: „1476 octavo Kal. Novembr. . . . nata est filia mea Katharina . . . sole in scorpione, luna in lapsione existente" (Arnold Reimann, Die älteren Pirckheimer, aus dem Nachlaß hrsg. von Hans Rupprich, Leipzig, 1944, S. 241) oder aus den Memorabilien des Augsburger Druckers Erhard Ratdolt: „Item eß ist mir ain kind geboren, haist Jörg, da man czalt 1486 ady 25 augusto czwischen 3 vnd 4 nach mitag uren und alß bald 7 minut nach trew ist (hier folgt das Zeichen des Steinbocks) aufgestiegn." (Ignaz Schwarz in „Werden und Wirken", Hiersemann-Festschrift, Leipzig, 1924, S. 404.) Das außerordentliche Interesse Ratdolts für die Astrologie, das sich in seinem Verlagsprogramm dokumentiert, würde eine sachkundige monographische Behandlung verdienen. Ein spätes und berühmtes Beispiel für die autobiographische Aufzeichnung eines Geburtshoroskops bietet der Beginn von Goethes Dichtung und Wahrheit.

[2] Vgl. Sebastian Brants Narrenschiff, Kap. 65: Von achtung des gstirns, V. 24—26 (ed. Zarncke): „Ob dyser tag sy gut zum kouff Zu buwen, krieg, machung der ee, Zu früntschaft, und des glichen me". — Ein Beispiel für die Wiedergabe des Horoskops auf einem *Kaufmanns*porträt bietet das Bildnis des Matthäus Schwarz, Hauptbuchhalters Jakob Fuggers des Reichen, von Christoph Amberger (vgl. Das reiche Augsburg, Gesammelte Aufsätze Jakob Strieders, hrsg. von H. F. Deininger, München, 1938, Abb. 5).

[3] Vgl. die Zusammenstellung fragwürdiger Existenzen in der akademischen Scherzrede des Jodokus Gallus „Monopolium des lichtschiffs" (im 15. Jahrhundert in drei Fassungen GW 8476, Bl. 29bff., Hain 14527, Hain 14575 gedruckt); hier erscheinen neben anderen die „astronomi, geomantici, chiromantici, necromantici, arismetrici, computistae, incantatores, musici" (Text bei Zarncke, Die deutschen Universitäten im Mittelalter I, 1857, S. 55). Am Schluß seiner Rede zählt Gallus die Berufe auf, in die sich verbummelte Studenten flüchten. Die Wahrsager und Astrologen (divinatores, mathematici) nennt er hier in der Gesellschaft von Seiltänzern, Komödianten, Würfellegern, Falschspielern und manchen anderen, z. T. mehr als anrüchigen Gewerben (vgl. Zarncke a. a. O. S. 60f.).

[4] Abweichend von Ernst Zinner (Geschichte und Bibliographie der astronomischen Literatur in Deutschland zur Zeit der Renaissance, Leipzig, 1941, S. 1), der im Wiesbadener AK ein Geschenkexemplar für einen weltlichen Fürsten vermuten möchte. Höfische Kreise konnten an die Leistungen ihrer astrologischen Berater höhere Ansprüche stellen, als sie der AK inhaltlich und drucktechnisch darstellt. Der Mainz-Aschaffenburger Hof war übrigens in der zweiten Hälfte des 15. und zu Beginn des 16. Jahrhunderts eine Pflegestätte höfischer Astrologie, was bei der wichtigen politischen Stellung des Mainzer Erzbischofs nicht Wunder nimmt. Johann Lichtenberger, der Astrologe Kaiser Friedrichs III., war auch für Erzbischof Diether von Isenburg tätig, und der Kardinal Erzbischof Albrecht von Brandenburg pflegte bei staatsmännischen Entscheidungen, so bei der Kaiserwahl des Jahres 1519, die Horoskope des Johann Indagine einzufordern. Vgl. hierzu Walter Karl Zülch, Der historische Grünewald, München (1938) S. 29f., 404ff. Mit dem primitiven Hilfsmittel des AK wäre im 15. und im 16. Jahrhundert bei dem damaligen Stande der wissenschaftlichen Astrologie weder einem geistlichen noch einem weltlichen Fürsten gedient gewesen.

Aus dem Gesagten ergibt sich zur Genüge, daß Zedlers These, der Text müsse vor 1448 *gedruckt* sein, weder bewiesen noch haltbar ist. Von einem Kalender, der dem praktischen Gebrauch in einem bestimmten Jahre dienen sollte, kann man mit guten Gründen annehmen, daß er zu Ende des Vorjahres gedruckt wurde, von einer mittelalterlichen Planetentafel nicht. Diese kann vor, in und nach dem Jahre berechnet sein, dessen Konstellationen sie angibt. Der moderne Mensch mag das letzte für ganz unwahrscheinlich halten, denn heutzutage dient eine Ephemeride in erster Linie in der Zukunft liegenden praktischen, z. B. nautischen Zwecken. Für den Astrologen ist auch die Ephemeride eines bereits vergangenen Jahres, z. B. bei der Aufstellung eines Horoskopes ein brauchbares Instrument. Aber selbst, wenn man als sicher voraussetzen würde, daß die gelehrte Arbeit, welche die Planetenörter des Jahres 1448 — soweit wir nach der Textfassung des AK urteilen können — einigermaßen richtig ermittelt hatte, vor 1448 erfolgt sei, so bleibt vollkommen offen, ob die im AK vorliegende rechnerisch vereinfachte und volkssprachliche Fassung gleichzeitig mit der Urfassung ist, oder — was viel wahrscheinlicher ist — ob sie später entstand und ob diese volkssprachliche Fassung gleich zum Druck gebracht wurde oder erst nach 1448. Brauchbar war der Text, wie Stegemann zeigt, auch nach 1448.

Es bleibt sogar ganz offen, ob der Drucker überhaupt wußte, daß die von ihm gedruckte Planetentafel für 1448 berechnet war. Woran hätte er es sehen sollen, wenn er es nicht wußte? Die Mondphasen waren wegen der erwähnten Unterschiede zwischen astronomischer und zyklischer Rechnung für den Laien des 15. Jahrhunderts ein recht unsicherer Anhaltspunkt. Die Planetenörter etwa mit Hilfe der Alfonsinischen Tafeln zu kontrollieren, wird sich der Drucker ebensowenig haben zutrauen können, wie die Gelehrten, die sich im 20. Jahrhundert mit dem Text erfolglos beschäftigten und ihn zur Bestimmung zunächst einmal einem astronomischen Recheninstitut oder einer Sternwarte vorlegen mußten. Wie dünn gesät und wie wenig zugänglich Fachleute auf diesem Gebiet im 15. Jahrhundert waren, wissen wir aus dem von Zinner mitgeteilten Brief des Dr. med. Johannes Krebs an den Propst Georg Müstinger vom 21. IX. 1440, der die gewünschten astronomischen Informationen schließlich nur durch hohe Bestechungsgelder erhielt[1].

Eine Angabe fand der Drucker allerdings in dem Text, die ihm für die Auflösung des Berechnungsjahres der Planetentafel sogleich als geeignet erscheinen mußte. Im Anfang des zweiten Textabschnittes (Februar) wird gesagt, daß Pfaffenfastnacht (d. i. der Sonntag Estomihi) ein 4. Februar sei. Daraus folgt, daß Ostern auf den 24. (in einem Schaltjahr) oder 25. März (in einem Gemeinjahr) fallen muß. In dem Schaltjahr 1448 ist Ostersonntag der 24. März; aber auf den 25. März fällt Ostern in dem Gemeinjahr 1459. Der Drucker konnte, wenn man ihn für nicht sachkundig halten will, sogar der Meinung gewesen sein, der ihm vorliegende Text des AK sei für das Jahr 1459 berechnet. Bei grober Betrachtung stimmen nach astronomischer Rechnung für 1459 die Mondphasen wenigstens ungefähr. Für das erste Neulicht des Jahres 1459 ist gegen dasjenige von 1448 eine Verfrühung von 30 Stunden festzustellen. Zyklisch stimmen die Mondtermine weder 1448 noch 1459. (Zyklische Rechnung: 9. I. 1448, 8. I. 1459; dagegen hat der AK: 6. I. 1448.) Zwingend ist die Annahme, daß der Drucker im AK auf Grund des passenden Ostertermins einen für das Jahr 1459 berechneten Text gesehen haben könne, selbstverständlich nicht; immerhin muß damit gerechnet werden, daß er in dem Glauben, eine für 1459 bestimmte Aufstellung der Planetenörter vor sich zu haben, ihr aktuelle Bedeutung beimaß und sie aus diesem Grunde 1458 druckte.

Man möge nicht einwenden, daß einem Drucker des 15. Jahrhunderts derartige Schnitzer nicht zugetraut werden dürften. Wer sich näher mit Inkunabeln beschäftigt, weiß, daß auf diesem Gebiet vieles möglich ist. Ernst Schulz hat diese Einsicht gut formuliert, als er schrieb: „Nicht alle Drucker und Verleger des 15. Jahrhunderts waren gebildet genug oder verfügten über die nötigen gelehrten Beziehungen, um die Textvorlagen für ihre Arbeiten selbst beurteilen oder von anderen prüfen lassen zu können, und viele von ihnen durften sich getroffen fühlen, als Sebastian Brant (Narrenschiff 65, 65) spottete: *die drucken alles, was man bringt.* Diese Sorglosigkeit führte gelegentlich zu besonders peinlichen Mißgriffen. So druckte man z. B. nach einem unvollständigen Manuskript, obwohl der Defekt aus der Vorrede zu ersehen gewesen wäre, oder nach einer verhefteten Vorlage,

[1] Beiträge zur Inkunabelkunde N. F. 2 (1938), S. 129f.

oder nach Handschriften, denen die Illustration fehlte, auf die der Text verwies; konfuse Kolleghefte, Sammelhandschriften, Texte mit sinnlosen Anhängen oder verkannten Nachträgen wurden ebenso kritiklos reproduziert wie etwa eine Mystifikation oder ein Autorkonzept, das denselben Text in verschiedenen Entwürfen zweimal hintereinander bot[1].“ Daß der Drucker des AK dem astronomischen und kalendarischen Inhalt seiner Produktion ohne Verständnis gegenüberstand, wird aus mehreren Indizien deutlich. Wenn der Drucker ein Manuskript absetzt, in dem der Julineumond 1455 auf Margarethenabend datiert war, so mußte man das in Mainz als 12. Juli lesen, da der Margarethentag in Mainz am 13. Juli gefeiert wurde, während der Neumond tatsächlich auf den 14. Juli fiel. Die Unstimmigkeit erklärt sich dadurch, daß im Manuskript mit dem nur in Straßburg üblichen Termin des 15. Juli für den Margarethentag gerechnet war[2]. Daß der Drucker diese außerhalb Straßburgs irreführende Datierung seiner Vorlage stehen ließ, beweist, daß er einen unverstandenen Text mechanisch kopierte. Das gleiche gilt von dem sinnlosen Ostertermin des 12. IV., der in dem deutschen Cisioianus belassen wird, weil eben die Vorlage den Text so bot. Man erinnert sich in diesem Zusammenhang der von Dziatzko[3] nachgewiesenen, durch schematisches Kopieren entstandenen bösen Setzfehler der B 36 und der zahllosen auf geradezu haarsträubende Weise verderbten lateinischen Ortsnamen im Provinciale Romanum[4].

Der Verdacht liegt also sehr nahe, daß der Drucker auch den Text des AK völlig kritiklos und mechanisch absetzte. Was uns veranlaßt, diese Möglichkeit immerhin zu erwägen und offen zu lassen, ist die Tatsache, daß die typographische Untersuchung, wie der aufmerksame Leser des III. Kapitels bereits bemerkt haben wird, als Drucktermin des AK gerade das Jahr 1458 sehr wahrscheinlich macht. Der AK kann, wie gezeigt werden wird, auf Grund seines Typenzustandes überhaupt nur 1457 oder 1458 gedruckt sein. Sei dem nun, wie ihm wolle, für unsere Argumentation ist es gleichgültig, ob dem Drucker das von uns erörterte mögliche Mißverständnis des AK-Textes unterlaufen ist oder nicht. Grundsätzlich genügt es zu wissen, daß der AK wegen seines Inhalts nicht im Jahre 1447 aus der Druckerei gekommen sein muß, sondern daß er in jedem anderen Jahre im Umkreis von etwa 30 Jahren gedruckt sein könnte.

Auf keinen Fall kann man, wie Zedler es tut, behaupten wollen: „Aus dem Text (des AK) ergibt sich mit Hilfe astronomischer Berechnungen die Datierung des *Druckes* mit mathematischer Gewißheit“[5]. Dem Text hat, wie wir sahen, mittelbar oder unmittelbar eine Berechnung der Planetenörter des Jahres 1448 zugrunde gelegen. Für die Datierung des *Druckes* ergibt sich daraus gar nichts. Für die Beantwortung dieser Frage haben wir uns nach anderen Argumenten umzusehen. Und diese sind vorhanden. Man hat sie, geblendet von der mit großer Sicherheit vorgetragenen und niemals ernstlich überprüften Hypothese Zedlers, bisher nur außer Acht gelassen.

2. *Die Entwicklungsstufen der B 36-Type*

In den typographischen Ausführungen im 2. und 3. Abschnitt des III. Kapitels war nachgewiesen worden, daß das Krakauer Bibelfragment (B 40 K) und der Krakauer Donat (D 27 K) einen Zustand der B 36 Type repräsentieren, der zwischen die Türkenbulle und die 36zeilige Bibel einzureihen ist. Prüfen wir daher nochmals, wie diese beiden Druckwerke zu datieren sind.

[1] Schulz, Ein Korrekturexemplar einer unterdrückten liturgischen Inkunabel, Beiträge zur Inkunabelkunde, N. F. I (1935), S. 38.

[2] Vgl. Wyß, Der Türkenkalender für 1455, Festschrift zum fünfhundertjährigen Geburtstage von Johann Gutenberg, Mainz (1900), S. 307 und die Tabelle S. 308.

[3] B 36 setzt folgenden Kapitelanfang: „Hec dicit dominus Ego vocatus est eduxi populum istum de servitute“, ohne zu erkennen, daß die Worte „vocatus est“, die in der Vorlage eingerückt am Schluß der Zeile stehen, zum Schluß des vorhergehenden Satzes gehören; Dziatzko, Gutenbergs früheste Druckerpraxis, a. a. O. S. 93. Bekanntlich verdanken wir der Sorglosigkeit des Druckers von B 36 auch den unschätzbaren Beweis, daß B 36 ein Nachdruck von B 42 sein muß. Er hatte, wie das Stuttgarter Exemplar noch erkennen läßt, ein Blatt seiner Vorlage B 42 überschlagen, ohne es zunächst zu merken. Dieser Fehler ist aber nachträglich in Ordnung gebracht worden. Vgl. Dziatzko a. a. O. S. 95.

[4] Vgl. Ruppel in: Deutsches Buchgewerbe 1 (1943), S. 80. Wenn ein Verleger ein Buch verkauft, in dem z. B. Balburnensis für Padeburnensis und Nollessunicensis für Sleswicensis zu lesen ist, so kann man das nicht mehr als übersehene Druckfehler, sondern nur noch als Beweise völliger Ignoranz deuten.

[5] Zedler, Die älteste Gutenbergtype, VGG I (1902), S. 4.

Die Drucklegung der *Türkenbulle* (GW 5916) ist wegen ihres Inhalts frühestens in die zweite Hälfte des Jahres 1456 zu setzen. Die lateinische Fassung wurde am 29. VI. 1456 feierlich verkündet. Zwischen lateinischer Fassung, deutscher Übersetzung und Drucklegung ist ein gewisser Zeitraum anzunehmen. Ob der Druck noch im Jahre 1456 erfolgte, ist unsicher. Da in der Türkenbulle neben der alten Form des E (dreimal) schon zweimal die neue Form des E der B 36 auftaucht, wird man eher geneigt sein, den Druck in die Nähe der 36zeiligen Bibel zu rücken und auch eine Entstehung im Jahre 1457 für möglich halten. Das handschriftlich hinzugefügte Datum „1456" am Schluß des Druckes[1] (im GW als „Rubrikatorvermerk" aufgefaßt) spricht nicht dagegen, da es nicht den Termin der erfolgten Rubrizierung zu bezeichnen braucht, sondern ebensogut nur eine vom Rubrikator vorgenommene Wiedergabe des Datums der Bulle in arabischen Ziffern sein kann. Eine Drucklegung der Bulle nach 1457 ist allerdings wenig wahrscheinlich, da die Anteilnahme für die Kreuzzugsidee im einfachen Volk (auf das ja die deutsche Fassung einwirken sollte) noch vor dem Tode des Papstes (6. VIII. 1458) zum Erliegen kam. Zusammenfassend läßt sich also sagen, daß die Türkenbulle frühestens in der zweiten Hälfte 1456, eher aber im Laufe des Jahres 1457 gedruckt wurde.

Andererseits wissen wir von der *36zeiligen Bibel*, daß sie, wie Dziatzko und Schwenke bewiesen haben, nach Fertigstellung der 42zeiligen Bibel (die spätestens im Frühjahr 1456 vorlag) und nicht nach 1461 (Rubrikatordatum des Pariser Einzelblattes) entstanden sein muß. Am 14. II. 1461 veröffentlicht Albrecht Pfister in Bamberg eine Ausgabe von Boners Edelstein in der Type der B 36 (GW 4839). Da Ende 1456 der Aderlaßkalender für 1457 (GW 1286) keine Spuren eines verbesserten Typenzustandes aufweist[2] und die Type bis zum endgültigen Zustand in der B 36 noch verschiedene Veränderungen durchmacht, da ferner die B 36, wie wir sahen, eine ziemlich komplizierte Vorgeschichte gehabt hat und zwischen der B 40 K und der B 36 auch noch die Übersiedlung der Druckerei von Mainz nach Bamberg erfolgt sein wird, ist die Drucklegung der 36zeiligen Bibel wohl erst am Ende des Jahrzehnts, also etwa 1459/60 vor sich gegangen.

Damit sind die zeitlichen Grenzen bestimmt, in denen die Entstehungszeit von B 40 K und D 27 K aus typographischen Gründen zu vermuten ist: zwischen 1457 und 1459. Mit B 40 K und D 27 K ist der Krakauer Probedruck des Astronomischen Kalenders gemeinsam überliefert; er zeigt ebenso wie der Wiesbadener Reindruck den gleichen hervorragenden Typenzustand wie B 40 K und D 27 K und teilt mit diesen charakteristische Merkmale der Type. An der gleichzeitigen Entstehung von B 40 K, D 27 K und AK (Krakau und Wiesbaden) ist also nicht zu zweifeln.

Um das zu verdeutlichen, gebe ich eine tabellarische Übersicht über die Entwicklungsstufen, in denen sich die schrittweise Umformung der Türkenkalendertype zur B 36-Type vollzieht:

1. Phase (Mainz) E, R, z in alter Form i z mit Schrägstrich und Bogen Zeilenschlüsse sehr unregelmäßig Eckiges a tritt auf.	Türkenkalender für 1455 (Dezember 1454 gedruckt) Aderlaßkalender für 1457 (Ende 1456 gedruckt)
2. Phase (Mainz) Wie 1, aber neue Form des E tritt neben der alten auf.	Calixtus III: Türkenbulle (wahrscheinlich 1457 gedruckt)
3. Phase (Mainz) [Neuguß] E, R nur in neuer Form z in alter Form i z nur mit Schrägstrich	27zeiliger Donat (Krakau) 40zeilige Bibel (Krakau) Astron. Kalender (Krakau) Astron. Kalender (Wiesbaden)

[1] Vgl. Faks.: Die Türkenbulle Papst Calixtus III, Berlin 1911.

[2] Auf dieses Argument für die Datierung der B 36 wies bereits Schwenke hin, ZfB XVIII (1901), S. 290. — Typographische Untersuchung des Kalenders bei Schwenke, Die Donat- und Kalender-Type, VGG II (1903), S. 13f.

Häufige Ligaturen aus zusammengesetzten Buchstaben Eckiges a wird in rundes a korrigiert Bessere Kolumnenausrichtung Ausgesparte Spatien für hs. Initialen Handschriftlich ergänzte Kürzungszeichen im Donat.	
4. *Phase (Mainz)* Wie 3, aber Fragezeichen tritt auf.	26zeiliger Donat (Berlin/Trier)
5. *Phase (Bamberg?)* z in neuer Form Neue Ligatur ct i 2 nur mit Bogen Eckiges a wird in rundes a korrigiert.	36zeilige Bibel (Stuttgarter schlecht korrigierter Zustand der ersten Seiten und erste Seiten des endgültigen Druckes der B 36)
6. *Phase (Bamberg)* Wie 5, aber eckiges a verschwindet ganz.	36zeilige Bibel (Hauptteil) (1459—60? Spätestens 1461 fertiggestellt) Pfisterdrucke (1461, 1462)

Der Standort der Krakauer Blätter in der Entwicklung der B 36-Type wird aus dieser Tabelle vollkommen klar. Eine Datierung des Astronomischen Kalenders und damit auch der Krakauer Gruppe auf „vor 1448" ist typographisch unmöglich. Der Widerspruch zwischen diesem typographischen Befund und der herkömmlichen Datierung des AK ist nicht auflösbar. Nachdem wir im vorhergehenden Abschnitt dieses Kapitels zu dem Ergebnis gelangt sind, daß es inhaltliche Argumente für die genaue Feststellung, wann der AK die Presse verlassen hat, nicht gibt, gewinnen die typographischen Beweisgründe ungeminderte Geltung. Die Veränderungen der B 36-Type, die bis jetzt das unbegreifliche Bild eines mehrfachen Wechsels primitiver und vollkommener Zustände boten, lassen sich nunmehr als Phasen eines sinnvollen Entwicklungsvorgangs verstehen, nämlich der Reform der Type des Türkenkalenders zu einem brauchbaren Instrument für einen geplanten großen Bibeldruck nach dem Vorbild der 42zeiligen Bibel. Damit sind diese Phasen zeitlich zu fixieren. Das Ergebnis ist klar: *Die Krakauer Probedrucke und damit auch der sogenannte Astronomische Kalender sind zwischen 1457 und 1459, also etwa um 1458 in Mainz gedruckt worden.*

In völligem Einklang mit diesem zeitlichen Ansatz steht unsere Annahme, daß es die neuartige und sehr effektvolle farbige Ausstattung des im August 1457 fertigen Psalters von Fust und Schöffer gewesen ist, die den bis dahin wenig ehrgeizigen Drucker des AK, des D 27 K und des D 26 angespornt hat, das bedeutende Vorbild, das in den Mainzer fachkundigen Kreisen gewiß Aufsehen gemacht hat, mit den ihm zur Verfügung stehenden bescheideneren Mitteln nachzuahmen, so durch die von uns beschriebene überlegte Aussparung von Spatien und deren — wie ich wahrscheinlich gemacht habe — in eigener Werkstatt erfolgte Ausmalung mit roten und blauen Initialen[1]. Ferner steht mit unserem zeitlichen Ansatz die Tatsache in Einklang, daß wegen des Ostertermins der Text des AK einem astronomisch ungebildeten Drucker — und mit einem solchen haben wir es ohne Zweifel zu tun — als für das Jahr 1459 bestimmt und daher gerade im Jahre 1458 druckenswert erscheinen konnte[2]. Schließlich ist in diesem Zusammenhang auch auf die für den zeitlichen Ansatz des AK zu verwertende und in der obigen Tabelle bereits berücksichtigte Beobachtung hinzuweisen, daß im Reindruck des AK das im Krakauer Probedruck noch so häufige eckige a ganz systematisch herauskorrigiert wurde. Wie bereits erwähnt[3], ist die eckige Nebenform des a in zahlreichen Drucken der DK-Type zu finden, um dann im Verlauf des B 36-Drucks zu verschwinden; sie „begegnet, und zwar recht häufig, nur auf den ersten 19 Blättern des ersten und, mit einer einzigen Ausnahme auf Bl. 303 δ 36, auch nur auf den ersten 18 Blättern des

[1] Vgl. S. 16f. u. S. 29. [2] Vgl. S. 38f. [3] Vgl. S. 16, Anm. 5.

zweiten Setzerabschnittes" der B 36[1]. Die Ausmerzung des eckigen a ist offensichtlich im Verlauf des Bibeldrucks bewußt vom Setzer durchgeführt worden. Vergleicht man das Blatt 10 der Stuttgarter B 36 — es ist das Blatt mit dem berühmten Satzfehler, der 1890 Dziatzko den schlüssigen Beweis für den Nachdruck der B 36 nach Vorlage der B 42 lieferte[2] — mit dem Blatt 10 des Leipziger Exemplars, so erkennt man, daß der frühere (Stuttgarter) Zustand im Exemplar Leipzig an 10 Stellen deutliche Verbesserungen erfahren hat neben 13 Änderungen, die orthographisch indifferent und nur satztechnisch bedingt sind und immerhin 5 neuen Fehlern, die während der Korrektur entstanden. Außerdem, und das ist in unserem Zusammenhang wichtig, wurde an drei Stellen (Bl. 10a α 6, β 10, bα 5) das eckige a gegen rundes a ausgetauscht, während nur an einer Stelle Leipzig eckiges a hat statt des runden a in Stuttgart (Bl. 10b α 27). Das Stuttgarter Blatt 10 repräsentiert auch in diesen Kleinigkeiten — neben dem von Dziatzko verwerteten groben Versehen der Textlücke — eindeutig einen früheren, nicht oder schlecht korrigierten Druckzustand. Es ist beachtenswert, daß in den Anfängen der B 36 die gleiche Tendenz verfolgt und schließlich durchgeführt wurde, die bei einem Vergleich zwischen (Krakauer) Korrekturzustand und (Wiesbadener) Reindruck des Astronomischen Kalenders auffällt, nämlich die Beseitigung der eckigen Form des a. Krakau hat an 19 Stellen eckiges a; an allen erscheint in Wiesbaden rundes a[3]. Daraus ist zu entnehmen, daß der AK zu einer Zeit gesetzt und korrigiert wurde, in der man sich bereits entschlossen hatte, das eckige a aus der B 36-Type auszuscheiden, also zu einer Zeit, die etwa mit den Anfängen des B 36-Druckes zusammenfallen, von ihnen zeitlich jedenfalls nicht sehr entfernt sein dürfte. Damit führt uns auch diese Überlegung zu dem gleichen Ergebnis, daß der AK um 1458 anzusetzen ist, wenn — wie anzunehmen — der endgültige Druck der B 36 gegen 1459/60 erfolgte.

Die Einsicht, daß der sogenannte Astronomische Kalender nicht 1447, sondern rund 10 Jahre später gedruckt wurde, ist von erheblicher Bedeutung für das Bild, das man sich von der Chronologie, dem Umfang und der Art des Gutenbergischen Werkes zu machen hat[4]. Jeder Grund, das Sibyllenbuch, die 27zeiligen Darmstädter, Berlin-Heiligenstädter und Pariser Donatausgaben (GW 8676—79) bis in die Mitte der vierziger Jahre zurückzudatieren, entfällt nunmehr. Das früheste Datum, das mit der Geschichte der DK-Type in Verbindung gebracht werden darf, ist 1454 (31zeiliger Ablaßbrief, GW 6556, und Türkenkalender für 1455). Nach der Umdatierung des AK besitzen wir ferner keinen Anlaß mehr, die Type des AK wegen ihres angeblich frühen Auftretens dem Erfinder des Buchdrucks zuzuweisen. Es wurde in anderem Zusammenhang (S. 23) darauf hingewiesen, daß wegen der Textgeschichte der B 36 eine Personengleichheit zwischen dem Drucker der B 42 und der B 36 auszuschließen ist. Ebenso spricht nichts dafür, sondern alles dagegen, dem hervorragenden Drucker der B 42 gleichzeitig die Herstellung von Jahrmarktsliteratur zuzuschreiben, denn nichts anderes waren diese textlich durchaus minderwertigen und technisch primitiven Broschüren in der Art des Türkenkalenders. Hinter den Drucken, die man jetzt in Bausch und Bogen für Werke Gutenbergs erklärt, stehen — wie Schwenke schon auf Grund typographischer Erwägungen gesehen hatte — *zwei* ganz verschieden geartete Persönlichkeiten[5]. Gutenberg kann nur die eine oder die andere gewesen sein, wenn er überhaupt eine von beiden war. Die Gutenbergforschung hätte Anlaß, in diesen Fragen kritischer vorzugehen. Wenn man sich Schwenkes guten Gründen anschließt und Gutenberg für den Drucker der B 42 hält, kann man nicht gleichzeitig den Drucker des Türkenkalenders, des Provinciale Romanum, der Türkenbulle, des Sibyllenbuches und aller sonstigen zugehörigen Drucke bis zur B 40 K, B 36a und B 36 mit Gutenberg identifizieren wollen. Hier muß man sich entscheiden. Die von Zedler und anderen Gutenbergforschern stets wieder vorgetragene Behauptung, daß es in den fünfziger Jahren in Mainz außer der Werkstätte Gutenbergs und seiner Nachfolger Fust und Schöffer keine weiteren, urkundlich und mit Namen nicht bekannten Druckereien gegeben haben *könne*, ist eine Voraussetzung, für die jeder Beweis fehlt und die bereits 1901 von Schwenke mit Recht gegenüber Wyß abgelehnt wurde[6]. Warum sollten bei der bekannt schlechten urkundlichen Mainzer Überlieferung von jeder Werkstätte, besonders wenn sie wenig bedeutender Art war, Nachrichten auf uns gekommen sein? Das Gegenteil ist wahrscheinlich. Das arbeitsteilige Unternehmen

[1] Zedler, VGG X/XI (1911) S. 103. [2] Gutenbergs früheste Druckerpraxis, S. 95.
[3] Vgl. S. 14 u. 16. [4] Vgl. Juchhoff, Wandlungen des Gutenbergbildes ZfB LVII (1940), S. 210f.
[5] ZfB XVIII (1901), S. 294. [6] ZfB XVIII (1901), S. 295, Anm. 1.

Gutenbergs war praktisch nicht geheim zu halten. Mit der Möglichkeit, daß frühe Nachahmer seines technischen Verfahrens in Straßburg und Mainz tätig wurden, muß durchaus gerechnet werden. Eher wäre es verwunderlich, wenn es solche nicht gegeben hätte. Der seit 1454 nachweisbare „Drucker des Türkenkalenders" (ich nehme damit Schwenkes Bezeichnung[1] wieder auf) war ein solcher Nachahmer und Konkurrent der Gutenbergischen Erfindung. Daß in Gutenbergs Werkstatt keine Einigkeit und kein Zusammenhalt bestanden haben, wissen wir durch den Dritzehnprozeß und das Notariatsinstrument Helmaspergers.

Diese Gedanken weiter zu verfolgen, ist hier nicht der Ort. In unserem Zusammenhang ist wichtig nur die folgende Einsicht: Zwischen einem Gutenberg, der die textlich und typographisch sorgfältige 42zeilige Bibel druckte, seinen ehemaligen Mitarbeitern und Schülern Fust und Schöffer, die 1457 den Prachtdruck des Mainzer Psalters veröffentlichten, auf der einen Seite und dem „Drucker des Türkenkalenders" auf der anderen Seite besteht ein Qualitätsunterschied, der auch durch die Bemühungen dieses Kleindruckers, es seinen großen Vorbildern gleich zu tun, nicht aufgehoben, sondern eher noch verdeutlicht wird. Es ist der unverwischbare Gegensatz zwischen schöpferischer und nachahmender Leistung, der hier zutage tritt. Die Krakauer Blätter und damit auch der sogenannte Astronomische Kalender verdanken nicht Gutenberg, auch nicht Fust und Schöffer, sondern um 1458 dem in Mainz tätigen und sehr bald darauf wahrscheinlich nach Bamberg verzogenen, uns mit Namen nicht bekannten „Drucker des Türkenkalenders" ihre Entstehung.

[1] ZfB XVIII (1901), S. 295.

NACHTRÄGE ZU DEN LITERATURHINWEISEN

Zu Seite 13, Anm. 7 In dem Aufsatz „Zu den Initialen des Astronomischen Kalenders auf das Jahr 1448" (Jahrbuch Imprimatur 1940, S. 169ff.) hat K. F. Bauer seine Feststellung, daß die Initialen des AK im Wiesbadener Reindruck mit der Hand eingemalt sind, ausführlich begründet.

Zu Seite 22, Zeile 24. Die 28zeiligen Pfister-Donate sind GW 8689, 8690 (nicht GW 8688, 8689). Zu GW 8690 vgl. Schwenke ZfB XXX (1913), S. 262. Der ebenfalls 28zeilige Donat GW 8688, München SB, Rara 103 (1m), gehört nicht der gleichen Gruppe an, vgl. Schwenke ZfB XXIII (1906), S. 452ff.

Zu Seite 31, Anm. 3 In der 1947 erschienenen 2. Auflage des Buches von A. Ruppel über Gutenberg wird der AK S. 121ff. behandelt. Die dort S. 122 zitierte Bemerkung R. Thiels über das eckige a in dem Krakauer Korrekturzustand des AK und über dessen Bedeutung als Datierungsmerkmal entspricht nicht meiner, bei mündlicher Mitteilung wohl von Thiel mißverstandenen Auffassung. Das eckige a war bereits vor dem Neuguß für die B 36 ein gelegentlich auftretender Bestandteil der Type, Zedlers Beobachtungen sind in diesem Punkte nicht zuverlässig (vgl. oben S. 16, Anm. 5). Als Zeitmarke ist nicht das erste Auftreten des eckigen a, sondern umgekehrt sein schließliches Verschwinden zu Beginn des Drucks der B 36 zu verwerten, wie es oben S. 41f. unter Berücksichtigung der sonstigen Indizien geschehen ist.

Zu Seite 33. In seinem Aufsatz „Wandlungen des Gutenbergbildes" (ZfB 57, 1940, S. 210) hatte R. Juchhoff darauf aufmerksam gemacht, daß bereits 1902 ein ungenannter Rezensent des Zedlerschen Buches über die älteste Gutenbergtype die Kritik Hupps an Zedlers Datierung des AK vorweggenommen hat. Juchhoff bittet mich festzustellen, daß diese unbeachtet gebliebene Rezension nicht in der Deutschen Literaturzeitung, sondern im Literarischen Zentralblatt 1902, Nr. 42, Sp. 1434, veröffentlicht ist. Da der Verfasser auf eine in der gleichen Nummer erschienene und offenbar ebenfalls von ihm stammende Rezension verweist, die K. H. gezeichnet ist, darf man annehmen, daß Konrad Haebler der anonyme Kritiker gewesen ist. Haeblers Einwand, daß der Text des AK möglicherweise nicht für das Jahr 1448 berechnet gewesen sei, sucht allerdings den Fehler der Zedlerschen Hypothese an falscher Stelle, nicht allein der Ostertermin, sondern auch die Angaben über die Planetenörter lassen keinen Zweifel zu, daß die dem AK zugrunde gelegte Berechnung nur für 1448 gültig ist. Wichtig aber der Hinweis, daß man das auf astronomische Feststellungen gegründete Datum 1448 nicht mit dem typographischen Befund in Übereinstimmung bringen könne. Man sieht, daß Haebler hier schon Gedankengängen nachgeht, die Hupp 1917 in bestimmterer Form vorgebracht hat. Das Mißtrauen Dziatzkos in das von Zedler verwertete Gutachten des Berliner Astronomischen Recheninstituts wurde also 1902 von Haebler geteilt. Daß an Zedlers Aufstellungen etwas nicht stimme, wurde von verschiedenen Beobachtern sogleich richtig empfunden und später von Hupp mit aller Entschiedenheit ausgesprochen. Es bleibt merkwürdig, daß man sich trotzdem nicht zu einer eindringenden Analyse des Textes selbst entschloß und die entscheidende Frage zu klären versuchte, welchem Zweck denn eigentlich der AK gedient haben könne, denn nur so war eine Lösung für den von Haebler und Hupp beobachteten Widerspruch zwischen textlicher Substanz und typographischer Form des AK zu finden. Diese Unterlassung wurde, nachdem Zedler und, ihm widerwillig folgend, auch Schwenke das Datum 1448 zum Fundament der Chronologie der vermeintlich frühesten Drucke Gutenbergs gemacht hatten, verhängnisvoll für die ganze neuere Gutenbergforschung. M. E. hat die von Zedler (und nicht etwa vom Berliner Astronomischen Recheninstitut) herrührende unrichtige und irreführende Bezeichnung „Kalender" das Verständnis des Textes gelähmt und eine Frage vorweg als beantwortet erscheinen lassen, die noch nicht einmal ernstlich gestellt worden war.

DER ASTRONOMISCHE KALENDER
EINE PLANETENTAFEL FÜR LAIENASTROLOGEN

VON VIKTOR STEGEMANN

Es ist im vorstehenden von Carl Wehmer mit sehr zu überdenkenden Gründen aufgezeigt worden, daß der AK, für den sein Entdecker auf Grund des Gutachtens seines astronomischen Beraters behauptete, daß er nur im Spätjahr 1447 für 1448 gedruckt sein kann, tatsächlich damals nicht gedruckt sein kann und daß das Jahr des Druckes auf etwa 1458, also volle 10 Jahre später, angesetzt werden muß. Die sich daraus ergebenden Folgerungen für die jetzige Ansicht über den Beginn des Buchdrucks sind dann so groß, daß man gut tun wird, sich klarzumachen, was diese für 1448 berechnete Tafel mit den von 14 zu 14 Tagen sich verändernden Angaben über die Positionen der Planeten denn zu bedeuten hatte, wenn sie volle 10 Jahre *nach* dem Jahr, für das sie berechnet worden ist, gedruckt und verkauft wird, nachdem die Astronomen so stark sich dafür eingesetzt haben, daß der AK unbedingt 1447 gedruckt sein muß. Das ist mit Aussicht auf Erfolg durchzuführen, wenn man an die Bedeutung der Astrologie in der damaligen Zeit denkt und an die Hilfestellung, die sie zu allen Zeiten von der rechnenden Astronomie erfahren hat. Man halte sich vor Augen, wie stark seit dem Beginn des 15. Jahrhunderts in Deutschland die Astrologie, von Westen und Süden herkommend und nach Osten vordringend, um sich griff.

1 Beurteilung der Angaben über die Planetenörter im AK

Verglichen mit den Angaben über die Planetenörter, die Regiomontan oder das sogenannte Leipziger Jahrbuch für das Jahr 1448 berechnet haben (und ich bin überzeugt, daß fast alle sorgfältiger gearbeiteten Listen mit Angaben über Planetenörter, die wir aus diesem Jahrhundert in großer Anzahl auch handschriftlich besitzen, so ausgesehen haben, wenn ich auch im Augenblick das Material dieser Art nicht einsehen kann), sind die Angaben des AK ungemein grob, was schon darum auffällt, weil man es damals sowohl mit Hilfe der im 15. Jahrhundert wohl nur noch selten gebrauchten Toletanischen Tafeln[1] wie mit Hilfe der Alfonsinischen Tafeln, die in auffälliger Masse in Deutschland verbreitet waren (von den andern Ländern ist Ähnliches anzunehmen, doch fehlt es an Unterlagen), verstand, bis auf Sekunden, ja sogar bis auf Sexten genau die Rechnungen durchzuführen, und dies auch tat (Bate, Cusanus und die Horoskopsammlungen des frühen 16. Jahrhunderts, die dieselben Hilfsmittel

[1] Alle bei Ernst Zinner, Verzeichnis der astronomischen Handschriften des deutschen Kulturgebietes, München 1925, Nr. 10919—10940 angeführten Handschriften dieser Tafeln gehören ins 12.—14. Jahrhundert. 14. Jahrhundert ist auch der bei Zinner nicht erwähnte Cod. Cus. 210 Fol. 32—75. Nur je eine Handschrift ist später Unter Nr 10941 wird eine solche des 14./15., unter Nr. 10942 eine des 15. Jahrhunderts angeführt. — Handschriften der Alfonsinischen Tafeln führt Zinner fast 80 an. Die Hauptmasse gehört ins 15. Jahrhundert. Krakau birgt allein 14 Handschriften.

bei ihren Berechnungen anwandten[1]). Wer mit den Alfonsinischen Tafeln umgehen kann[2], wird sich sofort darüber klar, daß man für 1448 die Positionen viel genauer errechnen kann, als es im AK geschieht, und zudem einen Wert erhält, der im allgemeinen sowohl den Angaben Regiomontans und des Leipziger Jahrbuches wie auch den Ergebnissen moderner Berechnung näher kommt als die Angaben des AK (s. S. 50, Anm. 1). Außer bei der Sonne weichen die Angaben des AK vielmehr nach der negativen Seite hin um $1^1/_2$, ja bei Venus sogar um $2^1/_2$ Grad ab, wodurch sich die Positionsangaben noch wieder als gröber erweisen[3]. Wenn man nun weiß, wie viel genauer man damals die Örter der Planeten ausrechnen konnte, wenn man ferner erwägt, daß die Angaben somit auch für die damalige Zeit recht fehlerhaft sind, so wird man mein oben gefälltes Urteil, daß es sich um eine ziemlich grobe Arbeit handelt, denk' ich, kaum bezweifeln können. Mit einer solchen Ephemeride (um das nicht passende Wort, mit dem sich ein spezifisch astronomischer Zweck in der Vorstellung verbindet, hier einmal anzuwenden, weil die bisherigen Bearbeiter es anwandten) konnte auch damals kein Astronom etwas anfangen; von hier aus gesehen hatte es keinen Zweck, so etwas zu drucken. Der Grund zur Herstellung muß also anderswo gesucht werden. Er kann nur astrologisch sein. In diesem Bereich allein können Bedingungen aufgezeigt werden, die denen des AK entsprechen. Die Astrologie aller Zeiten, vor allem aber die der Jahrhunderte XIII—XVI zerfiel in gelehrte Astrologie, die sorgfältige Positionsberechnungen vornahm, und Laienastrologie, die sich mit der primitiven Anwendung von faßlichen Regeln und einem Mindestmaß von astronomischem Wissen behalf, deren Örterbestimmungen und Auslegungsversuche denn auch nicht über ganz grobe Angaben hinausgehen[4]. Und beim AK handelt es sich um ein Hilfsmittel für derartige Laienhoroskopie. Er ordnet sich damit den anderen Erzeugnissen des gleichen Druckers ein. Die Mondkalender haben zudem zu allen Zeiten seit Dorotheos von Sidon und Nechepso-Petosiris nur laienastrologischen Zwecken gedient.

Die Beurteilung des AK, wie sie von Carl Wehmer gegeben wird, ist indessen von der bisherigen so abweichend, daß man fürchten muß, hartherzige Ungläubige für diese Auffassung zu finden. Es wird also gut sein, wenn ich es unternehme, die neue Ansicht dadurch zu stützen, daß ich vorführe, wie man sich den Gebrauch der Tafel in den Kreisen der laienastrologisch befähigten ungelehrten Bevölkerung zu denken hat. Das ist ein etwas dornenvoller Weg, aber historisch gewordene Dinge können nun einmal nur aus den Bedingungen und Bindungen der eigenen Umwelt abgeleitet werden und man muß auf sie eingehen, selbst wenn sie einem ganz fremd geworden sind. Was den bisherigen Beurteilern des AK gefehlt hat, war, daß sie zu wenig von der historischen Astrologie verstanden. Man wird dagegen auf die doch verhältnismäßig genauen Positionsangaben hinweisen; aber das entkräftet keine meiner Aufstellungen. Wer die Literatur zur Geschichte der Astrologie kennt, weiß, daß auch die primitive Astrologie, seitdem es eine echte Astronomie gab, sich dieser stets äußerlich näherte, um sich den Anstrich der wissenschaftlichen Zuverlässigkeit zu geben[5]. Und das ging mit den Hilfsmitteln des 15. Jahrhunderts noch wesentlich besser als im frühen Islam oder zur Zeit des Ptolemäus, weil die Tafeln inzwischen ständig verbessert worden waren. Aus dieser Einstellung heraus schafft auch der Drucker des AK etwas „Besseres"; er stellt der Laienastrologie — so sieht es wenigstens aus — Postionsangaben zur Verfügung, mit deren Hilfe jeder durch Addition der jährlichen Bewegungen (diese natürlich wieder grob im Mittel genommen) sich die Veränderungen der Planetenstellungen für etwa zwanzig bis dreißig Jahre nach 1448 errechnen konnte. Eine Planetentafel dieser Art, aufgestellt für das Jahr des Druckes, also nach Wehmer etwa 1458, hätte für diesen

[1] Henricus Bate, De defectibus tabularum Alfonsi. Handschriftlich, vgl. Zinner, Verzeichnis der astronomischen Handschriften des deutschen Kulturgebietes Nr. 1015—1019. Ich benutze den Text in der Handschrift Wolfenbüttel 2816 Fol. 9ff. Cusanus, Correctio tabularum Alfonsi und Correctio kalendarii siehe in der Pariser Ausgabe von 1514, Fol. II 2 Fol. 22. Zu den genannten Horoskopsammlungen vgl. A. Warburg, Ges. Schriften II 497ff. und Verf. im Handwörterbuch des deutschen Aberglaubens unter Nativität.

[2] In die Benutzung des Originals sich einzuarbeiten, ist schwierig, weil die dazugehörigen Canones nur Rechenanweisungen enthalten, nicht aber die Theorie. A. Wegener, Die Alfonsinischen Tafeln für den Gebrauch eines modernen Rechners (Diss. Berlin 1905) hat daher ein sehr brauchbares Hilfsmittel zur Erlernung des Arbeitens mit den Tafeln geschaffen, das wir ausgiebig benutzt haben.

[3] Ein anderer Termin kommt deshalb nicht in Betracht. Die Abweichungen würden für Saturn eine Verfrühung des Termins um 30—40 Tage, für Jupiter um 8—10 Tage und für Mars um 2—3 Tage erfordern. Es ist also deutlich, daß es sich nur um eine reichlich grobe Berechnung handelt. Druckfehler scheiden hier aus, weil man eine Kontrolle an den folgenden von 14 zu 14 Tagen gemachten Angaben hat.

[4] Vgl. meine Artikel Horoskopie, Planeten und Sternbilder I im Handwörterbuch des deutschen Aberglaubens.

[5] Handwörterbuch des deutschen Aberglaubens; s. u. Horoskopie Sp. 39 ff., Sterndeutung (im Nachtragsband) Sp. 746f.

Zweck gar keinen Sinn gehabt, weil man dann nur die Neugeburten von 1459 mit seinen Orakeln hätte beglücken können. Es kamen aber vor allem auch die schon heranwachsenden Kinder in Betracht, für die die Zukunft aufgehellt werden mußte. Und da man bei allen das Leben betreffenden Horoskopen auf das Horoskop der Geburt, die sogenannte Radix, zurückgehen muß, griff der Drucker des AK, bzw. der Bearbeiter des Manuskriptes zehn Jahre zurück. Es mag der Zufall bedingt haben, daß er eine Tafel mit solchen Angaben gerade aus der Zeit von 1448 erlangen konnte, die astronomischen Beobachtungen (etwa in gebildeten Bürgerkreisen) gedient hat[1]; wäre sie für 1446 oder 1442 berechnet gewesen, hätte er sie auch verwenden können. Der Vereinfachung wegen (die Primitivität der Laienastrologie bedingte solche), beschränkte der Bearbeiter des Manuskriptes sich bei der Vorbereitung seiner Arbeit auf die Wiedergabe der vollen Gradangaben seiner Vorlage. Was er unternahm oder hervorbrachte, bleibt somit äußerlich gelehrt; erreichen kann und will er nichts anderes, als daß man das Tierkreisbild ausfindig macht, in dem die Planeten stehen. Und das kann man mit dieser Tafel auf die einfachste Weise, die ich nun, so kurz es geht, darzustellen unternehme.

2. Wie ist der Arbeitsvorgang mit der Planetentafel des AK zu denken?

Carl Wehmer weist mit Nachdruck auf den volkstümlichen Charakter des AK hin, da dieser sich der deutschen Sprache bedient. 50 Jahre vorher, im Jahre 1404, war in der Augsburger Gegend ein kleines Lehrbüchlein astronomisch-astrologischen Inhalts entstanden[2]; es bediente sich ebenfalls der deutschen Sprache, richtete sich also an die des Lateinischen nicht mächtigen ungelehrten Teile des Volkes, und damit an die Allgemeinheit. Es war aus dem Lateinischen übersetzt, wie ziemlich wahrscheinlich gemacht werden kann. Das Original, das wir noch in später Abschrift aus dem 15. Jahrhundert (Clm 4394 Fol. 62ff.) besitzen, muß etwa in der Mitte des 14. Jahrhunderts verfaßt worden sein, wo (Italien oder Süddeutschland oder Frankreich), ist nicht sicher auszumachen. Das Schriftchen hatte seinem Inhalt nach schon in lateinischer Fassung populäre Tendenz. Es läßt sich zeigen, daß es nach den gelehrten Wälzern der mittelalterlichen arabischen Astrologie[3] ausgearbeitet worden ist, so weit diese damals ins Lateinische übertragen worden sind; es ist überall kenntlich, wie bei dieser Bearbeitung alles gelehrte Beiwerk umgangen worden ist. Auch hier wird auf den Reiz des gelehrten Anstrichs nicht verzichtet; die Kalenderberechnung und der Mondlauf sind ebenso auseinandergesetzt wie die zugrunde liegenden Anschauungen über den Kosmos in aristotelisch-ptolemäischer Sicht. Noch im Verlaufe des 15. Jahrhunderts erfuhr das Lehrbüchlein in seiner deutschen Fassung (Version A und B) weite Verbreitung vor allem in Süddeutschland. Es ist bezeichnend, daß man die beiden aus ihm entnommenen Kapitel über die Planetenkinder und Tierkreisbilder unabhängig von dem ursprünglichen Zusammenhang ebenfalls weit verbreitete. Von dieser Lektüre muß man ausgehen, um zu wissen, mit welchen Fragen man an den AK herantreten darf. Das Planetenbüchlein ist genau so auf Volkstümlichkeit berechnet wie der AK.

Nach dem Lehrbüchlein war bezüglich astrologischer Schicksalsbestimmung das Wichtigste die Ermittlung des Hauptplaneten oder unter Umständen auch *der* Hauptplaneten eines Menschen und der zugehörigen Tierkreisbilder, die zusammen (nach antiker immer wiederholter Doktrin) die Mischung von Temperamenten hervorrufen, die den Charakter des Menschen[4] ausmachen. Der Hauptplanet ist derjenige, der bei der Geburt im Osten

[1] Es ist nicht unbedingt erforderlich, die Berechnungen in der Vorlage des AK auf die Alfons. Tafeln zu gründen (die Toletanischen kommen, da ungenauer, wie die Berechnung des Saturnortes für den 6. I. 1448 ergab, nicht in Betracht). Sie können sich ebensogut auf einen der Almanache (siehe S. 52, Anm. 5) stützen, die für kleine Zeiträume die Angaben über die Planetenörter ausgerechnet verzeichneten.

[2] Für alles Folgende vgl. Verf., Aus einem mittelalterlichen deutschen astronomisch-astrologischen Lehrbüchlein. Prager deutsche Studien, H. 52, 1944, S. 18ff.

[3] Handwörterbuch des deutschen Aberglaubens. Nachtr. unter Sterndeutung, Sp. 727ff.

[4] Handwörterbuch des deutschen Aberglaubens unter Sterndeutung (im Nachtrag) Sp. 707ff.

steht oder dort die Herrschaft ausübt[1]. Der Planet ist gewissen, ihn modifizierenden Einflüssen unterworfen infolge der Anstrahlungen oder Aspekte von seiten der anderen Planeten, die er durch die Winkelstellung erfährt, die andere Planeten zu dem Hauptplaneten haben. Hat man das alles bestimmt, greift man zu jenen Kapiteln über die Planetenkinder und Tierkreisbilderkinder[2] und erfährt alles, was man aus einer primitiv egozentrischen Haltung heraus wissen muß. Man hat dann in laienastrologischem Sinne sein Horoskop. Da erfährt man z. B. von den Saturnkindern, daß sie braun sind, dünne Bärte haben und bleich aussehen, daß sie gern am Wasser oder in der Erde wohnen und selten lachen, daß sie Diebe sind, daß sie aussehen wie Mörder und sich gern unsauber kleiden. Ein Venuskind ist kurzweilig, liebenswert und fröhlich und treibt allerlei Saitenspiel, ist geil und sucht die Lust in allen Dingen usw. Greifen wir zu einer Tierkreisbilderkinderliste, so hört man zum Widder[3], daß ein in diesem Zeichen geborenes oder empfangenes Kind „wird geluckhaftig (in) gůten vnd bôsen dingen vnd wirt milt vnd gůt vnd wird michels leibs vnd gewinnt ain schôn antlůtz vnd ain kloben kin vnd ain langen hals". Es folgen Regeln wie diese: „Wenn der mon in dem wider ist, so ist güt über feld ze gan vnd sunder gen der sünnen auffgang." Man erfährt, daß er das Haupt, das Antlitz und die Augen eines Menschen besitzt und das, was „an dem hopt ist"; und wenn der Mond im Widder ist, so ist „nit gut das hopt". Aus Texten wie dem letzteren ermittelt man auf Grund der Stellung des Mondes in den Tierkreisbildern alles, was der *Augenblick* erfordert, ob man jetzt ackern, säen, zur Ader lassen, heiraten oder reisen soll. Die Feststellung des Tierkreisbildes zur Beobachtung der guten Zeiten auf Grund der Stellung des Mondes im Zodiakus war das eine, was mit dem AK vorgenommen werden konnte; es war nur nötig, die von 14 zu 14 Tagen fortschreitenden Sonnenpositionen zu verfolgen, und man wußte, welches Bild regiert. Die Feststellung des oder auch der Hauptplaneten war das andere. So erhielt man einerseits Augenblickshoroskope (Interrogationen und Elektionen nach arabischem Vorgang genannt; griechisch ἐρωτήσεις und καταρχαί[4]), andererseits die Grundlagen für eine Kenntnis des eigenen Wesens, also eine Art Geburtshoroskop. Letzteres ruht auf der Kenntnis des Ostpunktes; es ist nicht schwer, diesen bezüglich des Tierkreisbildes zu bestimmen, wenn man weiß, daß, wie der AK sagt, die Sonne am 6. Januar 1448 (das Jahr ist in diesem Falle gleichgültig) um 10 Uhr vormittags im 25° des Steinbocks steht. Denkt man sich den Punkt in der Mittagslinie, so hat man nur 90° zurückzurechnen, um eine grobe Bestimmung des Ostpunktes zu erhalten, die man für je zwei Stunden vor 12 Uhr oder nach 12 Uhr um ein Tierkreisbild nach links bzw. nach rechts, verschieben muß. Entsprechend erhält man den Westpunkt und die Mitternachtsstellung[5] (sog. untere Himmelsmitte). Damit hat man die vier Hauptpunkte oder Cardines, auf die alle primitivere Astrologie sich gründet, indem sie in den vier Quadranten das Leben als ganzes oder Teilereignisse aus ihm sich in großen Zügen abspielen läßt. Von Versuchen, auch die 12 Häuser festzulegen, die ihre Bedeutung für die Lebensvorgänge haben, ist beim AK wohl abzusehen, weil solches schon zu gelehrt ist, obgleich man im groben auch diesen Feststellungen mit der Planetentafel durchaus gewachsen ist.

Man hat nun wie folgt zu verfahren. Zunächst legt man die für einen ins Auge gefaßten Zeitpunkt, z. B. einer Geburt, die Lage der Tierkreisbilder fest. Das geht mit Hilfe der von 14 zu 14 Tagen fortschreitend über die Sonnenstellung gemachten Angaben. Bei der von mir in Ansatz gebrachten Zeit für die Brauchbarkeit (etwa 30 Jahre) bleiben leichte Veränderungen der Sonnenstellung völlig außer Acht. Indem man zweitens die für 10 Uhr gemachte Positionsangabe der Sonne für 12 Uhr gelten läßt, gewinnt man durch Abzug und Addition

[1] Handwörterbuch des deutschen Aberglaubens s. v. Horoskopie Sp. 365. Zur Technik der Horoskopie vgl. Boll-Bezold-Gundel, Sternglaube und Sterndeutung 4. Aufl., 1931, S. 44ff. und Verf., Handwörterbuch des deutschen Aberglaubens unter Horoskopie Sp. 354ff.

[2] Verf., Aus einem mittelalterlichen deutschen . . . Lehrbüchlein S. 34. Das Tierkreiskinderkapitel ist unediert; ähnliche Kapitel gab es aber ebenfalls haufenweise. Ein Beispiel bei A. Hauber, Planetenkinderbilder und Sternbilder (Studien z. deutschen Kunstgeschichte, Bd. 194) S. 22ff.

[3] Mitgeteilt nach meinen Auszügen aus Handschriften in Maihingen und Wolfenbüttel.

[4] Wer sich über die Katarchai orientieren will, studiert am besten Fragmente des Dorotheos von Sidon, des antiken Obermeisters in dieser Materie (Cat. codd. astrol. Graecorum VI 102ff.) oder die größeren arabischen astrologischen Werke, die im 12. und 13. Jahrhundert ins Lateinische übersetzt worden sind, z. B. Albohacen Haly filius Abenragel, Liber de iudiciis astrorum in der Ausgabe von 1485 (Ratdolt) pars VII, Fol. 110ff.

[5] Man kann sich das sehr einfach klarmachen. Man schneide zwei Scheiben aus stärkerem Papier, die zweite kleiner als die erste. Auf die erste zeichnet man eine Einteilung von 24 Stunden, auf die zweite die der 12 Tierkreisbilder. Dann heftet man beide Scheiben aufeinander und dreht die obere, die Tierkreisbilder tragende Scheibe an der unteren entlang, die mit 12 Uhr nach Süden orientiert ist. Man kann dann alle Stellungen bequem im groben ablesen.

von 90° und durch eine dem Stundenunterschied entsprechende Verschiebung die wichtigen Eckpunkte oder Cardines[1]. Damit ist durch die Ermittlung des im Osten aufgehenden oder besser im Osten stehenden Tierkreisbildes schon eine Quelle für den Charakter des Neugeborenen erschlossen. Drittens bestimmt man die Stellung der übrigen Planeten, und zwar des Mondes, des Mars, Jupiter und Saturn durch Addition eines (groben) mittleren Wertes für die Fortbewegung in (Monaten und) Jahren. Die Angaben dazu finden sich über jedem der Abschnitte in dem Kapitel des Lehrbüchleins über die Planetenkinder. Die Werte stammen letztlich aus der antiken Astronomie; sie sind hier im Lehrbüchlein wiederholt nach einem auf den antiken Quellen fußenden arabischen oder an letzteren angeschlossenen abendländisch-mittelalterlichen Astrologen, etwa dem Guido Bonatti. Es ist kein Kunststück, diese runden Angaben der Zeit in Grade umzudenken, um sie zu den Positionsangaben des AK, mit dem Abstand der in Betracht kommenden Jahre multipliziert, zu addieren[2]. Das Tierkreisbild des jeweiligen Planeten läßt sich ungefähr treffen und um mehr als ein Ungefähr brauchte sich der Urheber des AK nicht zu sorgen, der in seiner Planetentafel (NB. Ausgangswerte !) sich solche Fehler zuschulden kommen ließ, wie sie noch heute dort zu lesen sind.

Wir geben die Werte für Mond, Mars, Jupiter und Saturn. Sie sind im Lehrbüchlein für Monat und Jahr gemacht, was ich übernehme.

Planet	Lehrbüchlein: Zeit		Angegebene Zeit in Graden (Mittelwerte)	
	pro Tierkreisbild	pro Tierkreis	pro Monat	pro Jahr
Mond	$2^d\ 6^h\ 38^m$	$27^d\ 7^h\ 24^m$	(etwa $29^1/_2°$)	($360°$ +) $134°$
Mars	2 Monate	2 Jahre	etwa 16°	191°
Jupiter	1 Jahr	12 Jahre	$2^1/_2°$	30°
Saturn	$2^1/_2$ Jahre	30 Jahre	1°	12° [3]

Für eine derartige gewissermaßen zyklische Bestimmung war man hinsichtlich der Venus- und Merkurörter freilich aufgeworfen, da sich bei der Stellung dieser Planeten — kopernikanisch gedacht — zwischen Sonne und Erde die Bahnen nicht als Kreisbahnen um die Erde beobachten lassen. Aber auch die Alten wußten immer, daß zwischen den genannten Planeten und der Sonne eine enge Bindung besteht und daß Merkur niemals weiter als etwa 23°, Venus höchstens etwa 48° von der Sonne entfernt stehen kann (Elongation). Infolgedessen kann westlich oder östlich Merkur höchstens in dem der Sonne benachbarten Bilde, Venus höchstens in dem zweitfolgenden stehen. Die meiste Zeit ist dem Menschen die Sichtbarkeit verwehrt, und man darf, so sagten sich jene alten Astrologen, die Stellung dieser Planeten getrost in der Nähe der Sonne, d. h. in ihrem Tierkreisbild denken. Die Abweichungen in einiger Entfernung von der Sonne kann man mit Auge oder Winkelmaß schätzen, um zu große Irrtümer zu vermeiden; Merkur aber ist kaum je dem Auge sichtbar und entfällt so ziemlich für derartige Beobachtungen. Das Planetenbüchlein teilt daher bündig die Weisheit des alten Platon[4] mit, die oft wiederholt worden ist, daß Venus und Merkur mit der Sonne gleichlaufend sind. Es scheint der Laienastrologie genügt zu haben; wir dürfen uns auch bezüglich des AK darauf beziehen, was die Verwendung der Positionsangaben für diese Gestirne angeht. Die Benutzer werden sich das vereinfacht haben, wie der Urheber des AK es wollte, der nur um des gelehrten Anstriches willen die genaueren Angaben seiner klügeren Vorlage wiedergab und weil es nun einmal sieben Planeten waren; ein Horoskop basierte wie alles in der Welt auf der heiligen Zahl, die der Himmel

[1] Westliche oder östliche Lage der Orte, die an sich natürlich berücksichtigt werden muß und bei den Astronomen auch stets berücksichtigt worden ist, bleibt hier außer Ansatz.

[2] Zudem kann in dem verlorenen Teil des AK über der mittleren Kolumne eine kleine Tabelle mit solchen Gleichungen abgedruckt gewesen sein. Vgl. S. 13.

[3] Die Zahlen sind von mir z. T. etwas über den Mittelwerten angesetzt, da man nur so die Rückläufigkeiten einigermaßen in Ansatz bringen kann. Die Zahlen beruhen auf Erprobung. Errechnen kann man so etwas nicht.

[4] Platon, Timaeus 38d. Vgl. meine Zusammenstellung in Astrologie und Universalgeschichte. Stoicheia IX (1939), S. 35.

dem Auge rundum in der Sternenwelt zeigte, in den sieben Sternen des Großen Bären, der Plejaden, des Orion, des kleinen Bären. Der AK hätte die „Kunst“ diskreditiert, an der er Geschäfte machen wollte, wenn er Venus und Merkur ausgelassen hätte. Aber anfangen konnte man mit den Angaben über diese beiden Gestirne wenig.

3. Beispiel für das Funktionieren des AK

So langweilig es ist, heute derartige Berechnungen zusammenzustellen, so erhärtend sind die Ergebnisse. Die Nutzlosigkeit der summarischen Angaben des AK selbst für einen damaligen Astronomen ist dargetan worden; es ist nun unter Beweis zu stellen, wieder mit Rechnungen, daß der AK sich dem oben skizzierten Gebrauch fügt.

Geburtshoroskop eines Anfang Januar 1459 Geborenen

a) Bestimmung der Planetenörter für den 6. I. 1459, 10 Uhr vormittags, mit Hilfe der Alfonsinischen Tafeln (um eine Kontrolle für das summarische Verfahren der Benutzer des AK zu haben)[1]. Bei den Angaben des Tierkreisbildes habe ich die Minuten und Sekunden weggelassen. Die Angaben sind für die Zeit von Toledo in Ansatz gebracht worden.

Sonne	295.379	d. h. Steinbock 25°
Mond	314.097	d. h. Wassermann 14°
Merkur	279.930	d. h. Steinbock 9°
Venus	342.140	d. h. Fische 12°
Mars	155.900	d. h. Jungfrau 5°
Jupiter	180.020	d. h. Jungfrau 30°
Saturn	272.530	d. h. Steinbock 2°

b) Berechnung der Werte nach dem beschriebenen groben Additionsverfahren mit Hilfe des AK.

1. Die Stellung der Sonne entnimmt man der Tafel für 1448 mit Steinbock 25° für etwa 10 Uhr vormittags.

2. Die Stellung des Merkur, der für das bloße Auge nicht sichtbar ist, wird im Steinbock bestimmt.

3. Die Venus steht (vgl. Alfonsinische Tafeln) in westlicher Elongation mit 47°, ist also am Abend unter allen Umständen (am Tage vorher) zu beobachten; der Abstandswinkel läßt sich schätzen, und danach kann auf ihre Stellung in den Fischen geschlossen werden.

4. Mond. Ausgangswert Steinbock 25° = 295°. Jährlicher Weg 134°. Differenz 1448—1459 11 Jahre. Es ergibt 134 · 11 = 1474. Davon ab 4 ganze Kreise (360 · 4 = 1440) ergibt 34°. Zu Ausgangswert hinzuaddiert, 295 + 34 = 329°, d. h. Wassermann 29° (statt 14°), was man mit dem Auge oder einem der für jedes Jahr berechneten Kalender leicht korrigieren konnte.

[1] Nichtkennern sei gesagt, daß die genannten Tafeln schon hinreichen, um mit einer für diese Zwecke genügenden Genauigkeit die Örter auszurechnen. Es zeigt dies ein Vergleich der Ergebnisse aus den Alfons. Tafeln mit denen des astronomischen Recheninstituts in Potsdam, die Bauschinger für das erste Datum des AK, den 6. I. 1448, hat durchführen lassen. Ich setze die Zahlen hierher.

Sonne	am 6. I. 48:	Alfons. Taf. 294°.958,	Bausch. 294.500
Mond	am 6. I. 48:	Alfons. Taf. 296°.927,	—
Merkur	am 6. I. 48:	Alfons. Taf. 304°.073,	Bausch. 303.000
Venus	am 6. I. 48:	Alfons. Taf. 319°.683,	Bausch. 319.000
Mars	am 6. I. 48:	Alfons. Taf. 212°.130,	Bausch. 213.200
Jupiter	am 6. I. 48:	Alfons. Taf. 203°.550,	Bausch. 204.800
Saturn	am 6. I. 48:	Alfons. Taf. 147°.430,	Bausch. 146.500

Die Zahlen liegen den Angaben des AK etwas näher als die Errechnungen des Regiomontan und des Leipziger Jahrbuchs. Weshalb Zinner sie seinerzeit nicht verglich, ist nicht recht einzusehen, da sie auf alle Fälle dem AK zur Berechnung näherlagen als so viel eigenwilligere Arbeiten wie die Rechnungen Regiomontans.

5. Mars. Ausgangswert Skorpion 1° = 211°. Jährlicher Weg im Mittel 191°. Multipliziert mit der Differenz 11 Jahre ergibt 2101, abzüglich 5 ganze Kreise (1800) = 301. Zum Ausgangswert hinzuaddiert, d. h. 211 + 301 = 512, abzüglich 1 ganzer Kreis = 152°, d. h. Jungfrau 2° (statt Jungfrau 5°).

6. Jupiter. Ausgangswert Waage 22 = 202°. Jährlicher Weg 30°. Multipliziert mit 11 = 330. 330 + 202 = 532 — 360 = 172°, d. h. Jungfrau 22° (statt Jungfrau 30°).

7. Saturn. Ausgangswert Löwe 26° = 146°. Jährlicher Weg 12° multipliziert mit 11 = 132°. 132 + 146° = 278°, d. h. Steinbock 8°.

Man kommt also im allgemeinen auch auf diese Weise zu einem angenäherten Ergebnis. Die Grenzwerte wie beim Jupiter, wo unter etwas anderer Bedingung zwischen dem Bild der Jungfrau und der Waage geschwankt werden kann, sind nicht eben so häufig. Sie werden jemandem, der so summarisch rechnete, auch nicht allzuviel Kopfweh verursacht haben.

c) Das *Bild des Horoskopes* sieht nun, in ein zeitgenössisches Schema übertragen, folgendermaßen aus:

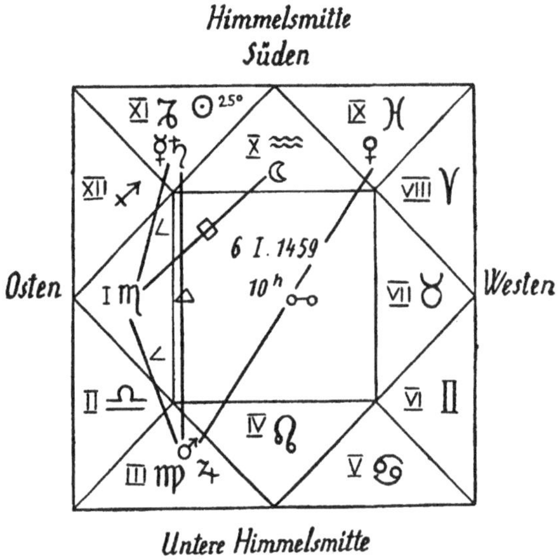

Tierkreisbild des I. Hauses ist also der böse Skorpion. Herr dieses Punktes ist zwar sichtbar kein Planet, der *in* dem I. Hause steht, wohl aber ist der Skorpion das Taghaus des Mars, so daß Mars der Hauptplanet ist, der sich in seiner Stellung in der Jungfrau in III insofern zu dem Haus in mildernder Lage befindet, als er dieses Haus im Sextil anblickt (Sextilaspekt günstig; mildert bei bösen Planeten die Kraft des Bösen). Günstig beeinflussend ist auch die Anwesenheit des Jupiter am Ort des Mars in III, und der Diagonalschein der Venus von den Fischen her in IX wirkt auch eher den Mars hemmend als ihn fördernd. Die Häufung der Planeten im Steinbock in XI mit Sextilaspekt auf I und IX und Trigonalaspekt auf III ist zu beachten. Der Mond steht in X in einem der Cardines usw. usw. Man kann dann an eine Auslegung der Häuser gehen, wenn ich das beim AK auch nicht primär voraussetze. Er genügt dem groben Verfahren, was ihn kennzeichnet, auch hier. Die Häuserkenntnis war aber damals Allgemeingut. Lateinische und deutsche Zweizeiler und Mehrzeiler faßten die Bedeutungen knapp zusammen[1].

[1] Für solche primitive Auslegung der Horoskope ohne Berücksichtigung der Grade, in denen die Planeten stehen, gibt es genügend Beispiele seit dem Altertum. Vgl. Verf., Astrologie und Universalgeschichte S. 91ff. Die Polemik gegen derartige Ignoranten als Beleidiger der „Kunst" zieht sich seit dem Altertum durch die Einleitungen zu den Handbüchern der gelehrten Astrologie.

In ähnlicher Weise kann man auf dieser Basis, dem eigentlichen Geburtshoroskop, etwa den Sternenstand für einen Vorgang errechnen, der in das zehnte Jahr oder ein anderes Jahr des Kindes fällt, und nach den Cardines auslegen (z. B. Krankheit, Reise, Eheverlauf usw.). Die Berechnung gestattet ohne weiteres, wiederum im groben, die Veränderungen gegen die Radix (das Geburtshoroskop) zu beurteilen und bezüglich der Erstkonstellationen in den Häusern einzuschätzen, wie etwa Seni es bei Wallenstein macht[1].

Das angeführte Beispiel enthält aber auch alle Manipulationen, deren man zur Bestimmung des günstigsten Zeitpunktes etwa für ein auf Grund dieses Horoskopes geplantes Unternehmen bedarf. Man kann diesen Zeitpunkt, für den die Stellung des Mondes in einem bestimmten Tierkreisbild beobachtet werden muß — auch Planetenaspekte können daran anschließend berücksichtigt werden[2] —, entweder aufspüren und sich, wenn der jetzige Moment unpassend ist, klar darüber werden, wie lange man warten muß, oder man kann den Moment nach dem Sternenstand anerkennen bzw. verwerfen. Kalender mit dem Mondlauf und der Notiz über die Neueintritte in die Tierkreiszeichen, die es in großen Mengen noch heute aus jener Zeit gibt, halfen im übrigen, eine gewisse Sicherheit der Bestimmungen vor allem bezüglich des Mondlaufs[3] zu erzielen. Das braucht alles in Einzelheiten nicht mehr gezeigt zu werden. Allen diesen Anforderungen ist der AK gewachsen.

4. Schlußbemerkung

Es sei ausdrücklich darauf hingewiesen, daß der AK darin eine wesentliche Vereinfachung bietet, daß er durch ein Jahr hindurch die Positionen von Neumond zu Vollmond für alle Planeten angibt. Rechnungen mit der Dauer des monatlichen Laufs erübrigen sich daher. Tägliche Abweichungen sind bei den oberen Planeten gering, bei der Sonne beträgt die Veränderung etwa 1 Grad, beim Mond etwa 13; deren Stellung kann man zudem kontrollieren mit Hilfe der um 14 Tage weiterschreitenden Ausgangswerte für 1448.

Diese Nachweise über den AK als praktisches Rüstzeug für laienastrologische Bestimmungen lassen wie die typographischen Überlegungen Carl Wehmers die Behauptung, daß der AK nur für 1448 gedruckt worden sein kann, ganz hinfällig erscheinen[4].

Es wäre interessant, wenn sich gelegentlich im Bereich der Handschriften ein Parallelfall zeigen ließe[5].

[1] Beispiele für „revolutiones" bei Albohacen a. a. O. pars VI Fol. 93ff. (S. 48, Anm. 4).

[2] Ein Beispiel aus dem Altertum bei Dorotheos von Sidon, dessen Worte sich bei Albohacen (11. Jahrhundert Tunis) wiederfinden (Dorotheos' Gedicht hat ungeheuer auf die nachfolgenden Jahrhunderte im vorderen Orient und im mittelalterlichen Abendland sowie in Byzanz gewirkt, vgl. meine Fragmente des Dorotheos von Sidon, 1939, Einleitung). Ich habe den Text griechisch und arabisch unter Mithilfe von R. Paret herausgegeben in Beiträge zur Geschichte der Astrologie I, Quellen und Studien zur Geschichte und Kultur des Altertums und des Mittelalters hrsg. von Bilabel-Grohmann. R. D. H. 2 (1935), S. 18/19ff.

[3] Listen zur Interpretation der jeweiligen Stellung des Mondes in den Tierkreiszeichen unter bestimmten Gesichtspunkten gibt es in antiken und mittelalterlichen Handschriften zahlreich. Vgl. Verf., Handwörterbuch d. d. Aberglaubens unter Planeten Sp. 39ff., vor allem 55ff., wo sich ein Beispiel aus der später im 16. Jahrhundert so verbreiteten Astronomia Teutsch findet.

[4] Es war längere Zeit von Carl Wehmer und mir bei den gemeinsamen Besprechungen wichtig genommen worden, daß der AK deshalb 1459 gelten sollte, weil in dem Jahr kurz vor dem 6. I. wieder die Neumonde zu laufen beginnen und wieder der 4. II. Fastnachtssonntag ist, auf den Ostern bezogen werden kann. Es störte uns freilich immer, daß der Termin früher lag; nach den Tafeln von Largeteau fiel die Konjunktion auf $5^d\ 4^h$ (nach Mitternacht). Störend war ferner der Gedanke, daß für 1459 außer bei der Sonne und dem Monde alle anderen Positionsangaben völlig verkehrt waren. Alle diese Bedenken entfallen, wenn wir die Planetentafel nur für 1448 in Anspruch nehmen und als ein der Laienastrologie dienendes Hilfsmittel ansehen, das für Berechnungen über die nächsten 30 Jahre hinweg die Ausgangswerte angibt. Der Drucker, der selbst kaum mehr als die Käufer seiner Blätter von den Dingen verstand, überschätzte freilich seine Planetentafel maßlos, wenn er sie etwa jenen Tafeln gleichstellte, die mit einer festgesetzten Ausgangsbasis die von wirklichen Astronomen errechneten Planetenörter für eine bestimmte Gruppe von Jahren und bestimmte Längen enthielten, wie wir sie zahlreich aus dem 14. und 15. Jahrhundert besitzen. (Materialien bei E. Zinner, Verzeichnis der astronomischen Handschriften des deutschen Kulturgebietes, s. v. Tafeln und die Anhänge dazu).

[5] Etwas dem AK Verwandtes sind die handschriftlich verbreiteten astronomischen Almanache (nicht zu verwechseln mit den auch „Almanach" genannten Aderlaßtafeln für ein bestimmtes Jahr), nach A. Wegeners Bestimmung (Bibliotheca Mathematica. III. F. 6. 1905, 171) Tafeln, in denen für eine Anzahl von Jahren Tag um Tag die Veränderungen in den Planetenstellungen aufgezeichnet sind. Sie sind auf Grund der Alfonsinischen Tafeln, aber auch eigenen Beobachtungen, von geübten Astronomen berechnet worden, dienten aber vor allem den astrologischen Bedürfnissen des gebildeten Publikums. Die benötigten Angaben konnte man pro Tag einfach ablesen. Der Cod. Cus. 215 enthält einen solchen Almanach. Das Wesen eines solchen astronomischen Almanachs kann man sich an dem häufig gedruckten Almanach perpetuum des Abraham Zacut (vgl. GW 115ff.) vorstellen.

Anhang

DER TEXT DES SOGENANNTEN ASTRONOMISCHEN KALENDERS

Mit Kommentar von Viktor Stegemann

Der folgende Text soll den Leser mit dem Inhalt des AK bekanntmachen. Die Abkürzungen des Druckes wurden daher aufgelöst; Ergänzungen der in Wiesbaden und Krakau fehlenden Teile des Textes sind durch Winkelklammern bezeichnet. Einen diplomatisch getreuen Abdruck mit Ergänzungen und Noten Bauschingers gab Gottfried Zedler in „Die älteste Gutenbergtype" VGG I (1902) S. 6f.

Januarius[1]

Off der heiligen drier konige dag zwo uren vor m⟨ittage⟩[2] ist der mane nuwe[3]. Und sint sonne und mane ⟨in dem⟩ xxv grade des steinbocks[4]. Saturnus in dem xxvi grade des lewens[5] und geet hindersich[6]. Jupiter in dem xxii grade der wagen. Mars in dem ersten grade des scorpions. Venus in dem xvii grade des wassergiessers[7] und geet hindersich[6]. Mercurius in dem iii grade desselben zeichens.

Off den xxi dag desselben mandts iii uren nach mitternacht ist der mane fol. Und ist die sonne in ⟨dem x⟩ grade des wassergiessers. Der mane in dem x grade des l⟨ewens⟩. Saturnus in dem xxv grade des lewens und geet hindersich. ⟨Jupiter⟩ in dem xxiii grade der wagen. Mars in dem xxv grade des scor⟨pions⟩[8]. Venus in dem xi grade des waszergiessers und geet hindersich. ⟨Mer⟩curius in dem xxvi grade desselben zeichens.

Februarius

Off den virden dag Februarii das ist of pfaffenfasznacht[9] zu ix uren nach mittage ist der mane nuwe. Und sint sonne und mane in dem xxv grade des wassergiessers. Saturnus in dem xxiiii grade des lewens und geet hindersich.

[1] Zu den lateinischen Monatsnamen in diesem Text vgl. o. S. 35.

[2] 6. I. 10^h vormittags, ausgedrückt in bürgerlicher Zeit (ab Mitternacht gerechnet) = 5. I. 22^h astronomischer Zeit (vom Mittag vorher gerechnet). Eine Reihe von Zeitangaben des AK sind in astronomischer Zeit gegeben, andere in bürgerlicher.

[3] Dazu siehe Bauschinger bei Zedler, a. a. O. S. 5.

[4] Diese Ausdrucksweise ist, wie mir scheint, aus astrologischen Gründen gewählt; die Astrologie bedarf zu ihren Bestimmungen der Kenntnis der Planeten in ihren Stellungen in den Tierbildern. Die Gradangabe 295° (gerechnet ab Frühlingspunkt 0° Widder) ist für astronomische Rechnungen wesentlich bequemer.

[5] = 146°. Zu den *Gradangaben* dieses Textes vgl. o. S. 46 und E. Zinner, Der astronomische Kalender von 1448, Beiträge zur Inkunabelkunde, N. F. II, Leipzig 1938, S. 128.

[6] Rückläufig. „geet hinder sich" = wörtliche Übersetzung des mittellateinischen Fachausdrucks „retrogradus est" für eine bestimmte Zeit der Bewegung eines Planeten um die Sonne und mit dieser um die Erde (Venus, Merkur) bzw. allein um die Erde (Saturn, Jupiter, Mars) in der Anschauung des ptolemäischen Weltsystems. Die mittelalterlichen astronomischen Fachausdrücke für die charakteristischen Erscheinungen bei der Kreisbewegung der Planeten im ptolemäischen System (stationarius, retrogradus, directus in suo cursu) stammen aus der arabischen astronomischen Literatur, die sie ihrerseits aus den griechischen Texten übertrug.

[7] Wesserers (Krakau).

[8] = 235°, was falsch ist. Bauschinger 220° 7. Mit den Alfonsinischen Tafeln errechne ich genau 228° 65 (= Skorpion 18° 41). Ich nehme an, daß entweder die unmittelbare Vorlage des AK (s. o. S. 47) in fehlerhafter Weise Skorpion 15° schrieb oder der Drucker sich versah und das nochmals verkehrte xxv in seinem Satz stehen ließ. In der Anmerkung Bauschingers zur Stelle liest man den Besserungsvorschlag VIII, was auch verkehrt ist, es muß wenigstens in XVIII korrigiert werden.

[9] Zur Kontrolle der Berechnung vgl. Ginzel, Handbuch der mathematischen und technischen Chronologie, Bd. III (1914), S. 199, 129ff. und 411ff. Dieses Datum und die Angaben über die Planetenörter lassen unumstößlich den Text für das Jahr 1448 aufgestellt sein.

Jupiter in dem xxiii grade der wagen und geet hindersich. Mars in dem xv grade des scorpions. Venus in dem iiii grade des waszergieszers und geet hindersich. Mercurius in dem x grade[1] der fische und geet hindersich.

Off den xix dag desselben mandts x uren nach mittage ist der mane foll. Und ist die sonne in dem x grade der fische. Der mane in dem x grade der Jungfrauwen. Saturnus in dem xxiii grade des lewens und geet hindersich. Jupiter in dem ⟨xx⟩iii grade[2] ⟨der wa⟩gen und geet hindersich. Mars in dem xxii grade des sco⟨rpions.⟩ Venus in dem iiii grade der fische[3]. Mercurius in dem ersten ⟨grade der⟩ fische und geet hindersich.

Marcius

Off den funfften dag des Merczen-zu vieer uren des mo⟨rgens⟩[4] ist der mane nuwe. Und sint sonne und mane in dem ⟨xxiiii⟩ grade der fische[5]. Saturnus in dem xxii grade des lewens un⟨d geet⟩ hindersich. Jupiter in dem xxii grade der wagen und geet h⟨inder⟩sich. Mars in dem xxvii grade des scorpions. Venus in d⟨em xii⟩ grade des wassergiessers. Mercurius in dem xxvii grade de⟨sselben⟩ zeichens.

Off den xx dag desselben mandts zu iii uren nac⟨h mit⟩tage ist der mane foll. Und ist die sonne in dem ix grade des ⟨wid⟩ders[6]. Der mane in dem ix grade der wagen. Saturnus in de⟨m xxi⟩ grade des lewens und geet hindersich. Jupiter in dem xx grad⟨e der⟩ wagen und geet hindersich. Mars in dem ersten grade des sch⟨uczen.⟩ Venus in dem xxiii grade des wassergiessers. Mercurius in de⟨m xv⟩ grade der ⟨fische.⟩

Aprilis

Off den dritten dag des Aprils zu vieer uren nach mitta⟨ge ist⟩ der mane nuwe. Und sint sonne und mane in dem xxi⟨ii grade⟩ des widders. Saturnus in dem xx grade des lewens und geet ⟨hinder⟩sich. Jupiter in dem xviii grade der wagen und geet hindersich. M⟨ars⟩ in dem iii grade des schuczen. Venus in dem vi grade ⟨der fische.⟩ Mercurius in dem viii grade des widders.

Off den xix da⟨g des⟩selben mandts zu vi uren des morgens[7] ist der mane foll. U⟨nd ist⟩ die sonne in dem vi⟨ii grade⟩ des oszen. Der mane in dem vi⟨ii grade⟩ des scorpions. Saturnus in dem xx grade des lewens un⟨d geet⟩ vorsich. Jupiter in dem xvi grade der Wagen und geet hind⟨ersich.⟩ Mars in dem andern grade des schuczen und geet hindersich. ⟨Venus⟩ in dem xxiii grade der fische. Mercurius in dem viii grade de⟨s oszen.⟩

[1] Es muß für moderne Berechnung (= 332° 5) heißen „in dem II. Grade". Mit den Alfonsinischen Tafeln errechne ich aber 340° 889, so daß obige Angabe für ein Hilfsmittel der damaligen Zeit keinen Fehler enthalten dürfte (= Fische 10°).

[2] = Waage 203° (Bauschinger 205° 3). In der Anmerkung Bauschingers wird Verbesserung in XXII (also 202°) gefordert. Der Planetenort ist aber nach den Alfonsinischen Tafeln auf 203° 69 = Waage 23° festzulegen, was auch Bauschingers modernem Resultat erheblich näher kommt.

[3] Die Alfonsinischen Tafeln geben 305° 764 = Wassermann 5° (304° 7 Bauschinger). Bei der meist etwas geringer errechneten Gradzahl der Vorlage des AK gegenüber den aus den Alfonsinischen Tafeln errechenbaren Werten wird 4° in der Vorlage gestanden haben. Für Wassermann schrieb die Vorlage fälschlich Fische, wie auch Bauschinger bemerkt.

[4] Bürgerliche Zeit, = 4. III. 16h.

[5] Die folgenden Standangaben sind, verglichen mit den mit modernen Hilfsmitteln errechneten Werten Bauschingers, ziemlich richtig. Auch eine Probeberechnung für Saturn am 4. III. 1448, 16h ergibt ein günstiges Resultat mit 142° 99 = 22° Löwe (Weitere Kontrollrechnungen mit den Alfonsinischen Tafeln wurden daher von mir nicht mehr durchgeführt.)

[6] Stellung der Sonne am 20. März 3h (astron.) 8° 9 Widder Bauschinger. Da die Sonne fast 1° pro Tag zurücklegt, tritt sie danach in den Widder (Frühlingsäquinoctium, am 11. März. Angenäherte Berechnung des Eintritts der Sonne in den Frühlingspunkt mit Schrams Zodiakaltafeln (R. Schram, Kalendariographische und chronologische Tafeln, Leipzig 1908, S. 356—368) ergibt 11. März 0h 32 (astron.), mit Hilfe der Alfonsinischen Tafeln 10. März 5h 34'. Ostern liegt auf dem ersten Sonntag nach dem zum 20. März genannten Vollmond (24. März).

[7] = 18. April 18h astron.

REGISTER

(Für den Beweisgang der Untersuchung unerhebliche Eigennamen und Ordnungswörter ebenso wie die Namen moderner Verfasser sind nicht in das Register aufgenommen.)

NACHWORT

Die Mainzer Probedrucke wurden mir 1937 bekannt, als ich an der Vorbereitung des Artikels „Donatus" für den Gesamtkatalog der Wiegendrucke beteiligt war. Sie sollten im Faksimile mit einem kurzen erklärenden Text als Jahresgabe der Gesellschaft für Typenkunde des XV. Jahrhunderts — Wiegendruckgesellschaft in der Reihe B ihrer Veröffentlichungen herausgegeben werden. Infolge der ungünstigen Zeitumstände unterblieb die Publikation. Ob die Gesellschaft ihre Veröffentlichungen wieder aufnehmen kann, ist zur Zeit vollkommen ungewiß. Glücklicherweise blieben die Lichtdrucke, die noch vor Ausbruch des Krieges mit Genehmigung der Jagellonischen Universitätsbibliothek auf Veranlassung von Stanley Morison als ein Geschenk der Setzmaschinenfabrik Monotype hergestellt waren, durch alle Gefahren des Krieges erhalten. Herrn Morison danke ich sehr für das Interesse und für die tätige Hilfe, die er mir in dieser Angelegenheit erwiesen hat. Die Originale selbst wurden der Jagellonischen Universitätsbibliothek in Krakau, aus der sie zweimal zum Zwecke genauer Untersuchung für längere Zeit entliehen waren, nach Beendigung des Krieges unbeschädigt zurückgestellt. Zu den vielen bedauerlichen Bibliotheksverlusten, die im letzten Jahrzehnt eingetreten sind, scheinen ja leider auch — soweit es sich derzeit übersehen läßt — einige wichtige Überreste des ältesten Mainzer Buchdrucks zu gehören, so das Wiesbadener Original des Astronomischen Kalenders für 1448. Bei der Unansehnlichkeit solcher Drucke und Fragmente ist stets zu befürchten, daß sie bei erneutem Auftauchen in ihrem Wert nicht erkannt werden und unbeachtet zugrunde gehen.

Es war meine Absicht, in dem dritten Heft der „Beiträge zur Inkunabelkunde", das Erich von Rath zum 60. Geburtstage gewidmet werden sollte und das der Verlag nunmehr als eine selbständige Publikation zu veröffentlichen gedenkt, die Mainzer Probedrucke ausführlicher zu behandeln. Da während des Krieges nicht abzusehen war, ob und wann die Beiträge fortgesetzt werden konnten, entschloß ich mich aus diesen und aus in der Sache selbst liegenden Gründen, den für die Beiträge vorbereiteten Aufsatz, der im Laufe der Arbeit einen stets größeren Umfang angenommen hatte, mit der ursprünglich geplanten Ausgabe der Lichtdrucke zu einer einheitlichen Schrift zusammenzufassen, in der ich alle mit dem Funde zusammenhängenden Fragen behandeln wollte. Der Text konnte schließlich im Winter 1944 zum Abschluß gebracht und mit dem Text der Untersuchung Viktor Stegemanns über den Astronomischen Kalender gesetzt werden. Das bald eintretende Kriegsende verhinderte das Erscheinen, aber der Satz blieb erhalten. Im Frühjahr 1946 konnte ich die Korrektur lesen und mit Hilfe der Literatur, die ich in der Universitätsbibliothek Erlangen benutzen konnte, ergänzen. Auch dann bot sich noch keine Möglichkeit baldiger Veröffentlichung. Wenn jetzt dank des tätigen Interesses Münchener Freunde die Untersuchung, die lediglich durch die Nachträge auf Seite 44 und ein Register erweitert wurde, endlich die Druckerpresse verlassen kann, so darf ich sie sehr verspätet Erich von Rath, dem schon der Aufsatz der Beiträge zugedacht war, in alter Verehrung zueignen. Die Widmung mag auch zum Ausdruck bringen, wie sehr ich mich der von ihm geleiteten ehemaligen Kommission für den Gesamtkatalog der Wiegendrucke verpflichtet fühle. Ihre Geschäftsstelle in der Inkunabelsammlung der Preußischen Staatsbibliothek in Berlin war die Forschungsstätte, der ich alles verdanke, was ich seit meiner Studentenzeit auf dem Gebiet der Inkunabelkunde gelernt habe. Ich grüße mit dieser Schrift meine früheren Mitarbeiter und Mitarbeiterinnen. Zwei, die an dem Entstehen meiner Arbeit großen Anteil nahmen, Gertrud Schilf und Ernst Schulz, sind nicht mehr unter den Lebenden. Nur wer in einer Gemeinschaft gleichstrebender Menschen wissenschaftlich gearbeitet hat, kann ermessen, welche Quelle ständiger Belehrung und fruchtbaren Gedankentausches sie bedeutet.

Ein Gedenken an dieser Stelle schulde ich meinem mir befreundeten Kollegen an der einstigen Deutschen Karls-Universität in Prag, Professor Dr. Viktor Stegemann, den der Tod allzufrüh aus einem Leben angestrengter wissenschaftlicher Arbeit abberufen hat. Er starb am 2. März 1948, kurz nach Vollendung seines 46. Lebensjahres, als sein Geschick nach harten Prüfungen sich gerade zum besseren zu wenden schien. Als Schüler von Franz Boll, in seiner Forschungsrichtung von Carl Bezold stark beeinflußt, war er ein klassischer Philologe von besonderer und seltener Art, mit Wissenszweigen nahe vertraut, die abseits von den üblichen Wegen liegen. Die Religionen der späten Antike und die Geschichte der antiken, arabischen und mittelalterlichen Astrologie waren seine besonderen Forschungsgebiete. Keine Mühe sprachlichen Verständnisses war ihm zu groß, um zu den Quellen dieser geheimnisvollen und unterirdisch wirksamen Traditionen vorzudringen. Seine Arbeiten, die erschienenen und die geplanten, umschlossen einen weiten Kreis menschlicher Geistesgeschichte. Sie beschäftigten sich mit Augustinus, mit Dorotheos von Sidon, mit koptischen Zaubertexten, er arbeitete an einer Geistesgeschichte des Hellenismus, deren Manuskript unfertig auf seinem Prager Schreibtisch liegenblieb, er übersetzte Caesar und Plutarch, war an der Edition der Werke des Nicolaus von Cusa beteiligt, lieferte Beiträge über Astrologie für das Handwörterbuch des deutschen Aberglaubens, die von einer profunden Kenntnis dieser entlegenen Materie Zeugnis ablegten. Als mir nach langen Irrwegen schließlich klar geworden war, daß der sogenannte Astronomische Kalender für 1448 nur als ein Hilfsmittel der Horoskopie verstanden werden könne, wandte ich mich ratsuchend eines Tages an Stegemann, um ihm den Sachverhalt und meine Folgerungen vorzutragen. Sein Interesse für den Einblattdruck und dessen Bedeutung für die Frühgeschichte des Buchdrucks war sogleich rege, wie er überhaupt eine Gabe hatte, sich schnell in die Methodik und Problematik anderer Forschungsgebiete zu versetzen. So ergab sich ein Austausch von Frage und Antwort, der stets neue Seiten des Problems aufdeckte und der nach einer mir unvergeßlichen Zeit bald gemeinsamen, bald getrennten Bemühens, Nachdenkens und Berechnens zu einem verschieden begründeten, aber übereinstimmenden Ergebnis führte. Ich konnte unter Stegemanns Anleitung einen Blick in ein Gebiet tun, das mir bis dahin verschlossen war und das sich durch Lektüre nicht erarbeiten läßt. Der einzige Unterschied unserer Auffassungen war wohl der, daß ich eher geneigt blieb und es auch heute noch bin, dem Drucker des AK eine völlige Verständnislosigkeit für den von ihm gedruckten Text zuzutrauen, ein Punkt, der für die Gesamtbeurteilung aber ohne Gewicht ist. Auf meine Bitte hat Stegemann dann seine Resultate in einem besonderen Beitrag dargelegt, der hier zusammen mit meinen Ausführungen zum Abdruck kommt. Auch unterzog er sich der Mühe, den im Anhang gedruckten Text des AK zu kommentieren. Es ist mir schmerzlich, dieses Zeugnis eines gemeinschaftlichen Studiums nun nicht mehr in die Hände dessen legen zu können, der am Gelingen so großen und dankbar von mir empfundenen Anteil hatte.

Ohne die Möglichkeit, die originalen Drucke zu benutzen, ist eine erfolgreiche Arbeit auf dem Gebiet der Gutenbergforschung nicht durchzuführen. In Berlin stand mir die ausgezeichnete Sammlung Mainzer Frühdrucke zur Verfügung, die bereits für die grundlegenden Studien Paul Schwenkes den Stoff geliefert hatte. Hinzu kamen die Originale, die von auswärtigen Bibliotheken für den Artikel „Donatus" des Gesamtkatalogs der Wiegendrucke nach Berlin geliehen waren, darunter die Mainzer Probedrucke aus Krakau. Anderes konnte an Ort und Stelle benutzt werden, so mehrere Drucke der auch an frühen Mainzer Ausgaben reichen Bayerischen Staatsbibliothek, ferner die Exemplare der sechsunddreißigzeiligen Bibel in Jena, Leipzig und Stuttgart. Sehr hilfreich waren mir die Universitätsbibliothek in Erlangen und die Nassauische Landesbibliothek in Wiesbaden. Allen sei bestens gedankt.

August 1948. *Carl Wehmer*

TAFELN

LICHTDRUCKE: KUNSTANSTALT GANYMED, BERLIN

ÜBERSICHT

1. Blatt I a. Astronomischer Kalender, Februartext
2. Reindruck des Astronomischen Kalenders, Februartext
3. Blatt I b. Astronomischer Kalender, Januartext
4. Reindruck des Astronomischen Kalenders, Januartext
5. Blatt II a. Biblia latina. Bl. 7 recto einer 40zeiligen Ausgabe
6. Blatt II b. Eintragungen aus dem Schuldbuch eines Mainzer Gewandschneiders (aus den Jahren 1383 und 1384)
7. Blatt III a. 27zeiliger Donat, Bl. 13 recto (?)
8. Blatt III b. Eintragungen aus dem Schuldbuch eines Mainzer Gewandschneiders (aus dem Jahre 1392)
9. Blatt IV a. 27zeiliger Donat, Bl. 12 verso (?)
10. Blatt IV b. Eintragungen aus dem Schuldbuch eines Mainzer Gewandschneiders (aus dem Jahre 1393)
11. Blatt V a. 27zeiliger Donat, Abklatsch von Bl. 2 verso (?)
12. Blatt V b. Eintragungen aus dem Schuldbuch eines Mainzer Gewandschneiders (aus den Jahren 1383 und 1384)

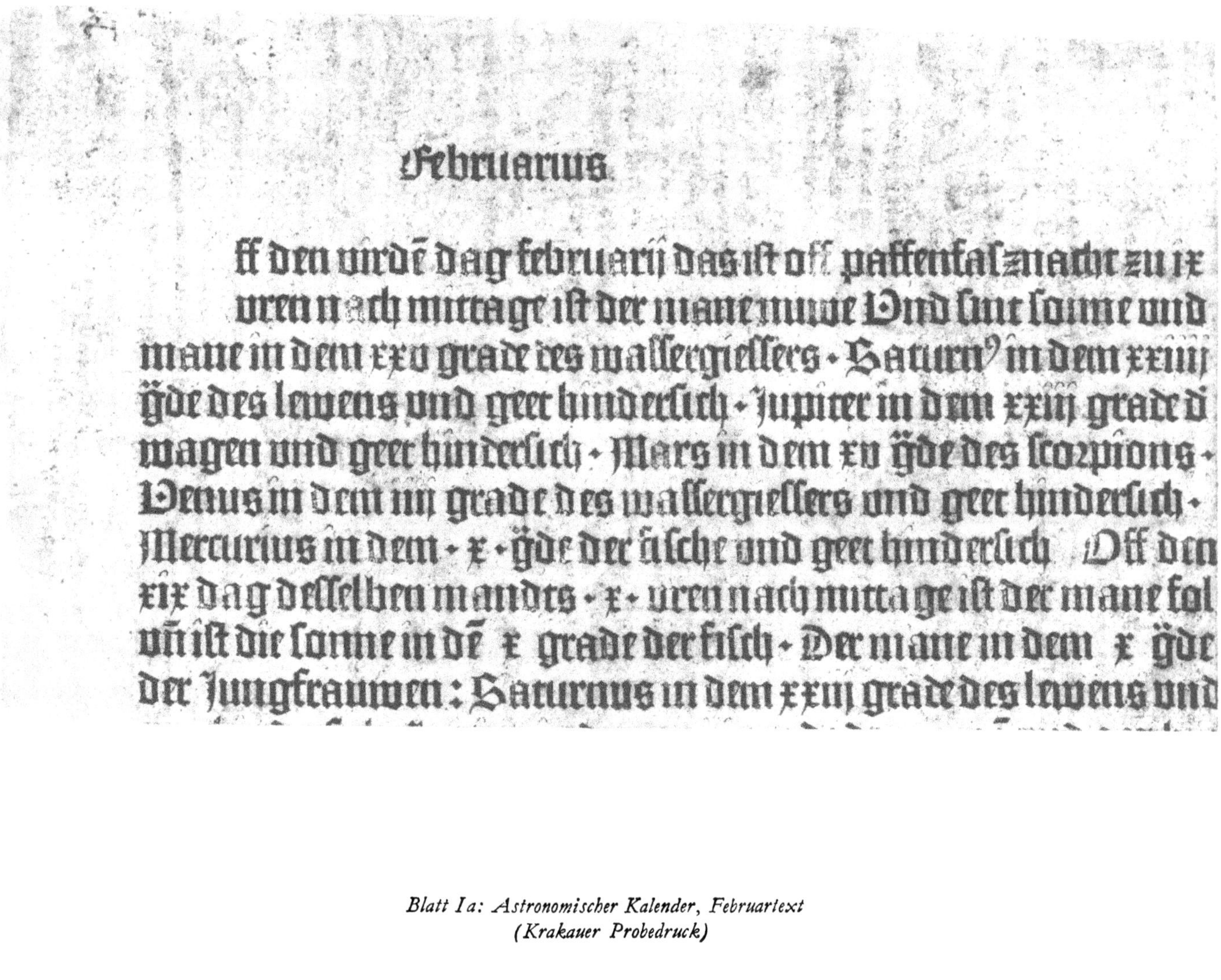

Februarius

ff den virdē dag februarij das ist off paffenfasznacht zu ix
uren nach mittage ist der mane nuwe Vnd sint sonne und
mane in dem xxv grade des wassergiessers · Saturnꝰ in dem xxiiij
gͦde des lewens und geet hindersich · Jupiter in dem xxiij grade d
wagen und geet hindersich · Mars in dem xv gͦde des scorpions ·
Venus in dem iiij grade des wassergiessers und geet hindersich ·
Mercurius in dem · x · gͦde der fische und geet hindersich Off den
xix dag desselben mandes · x · uren nach mittage ist der mane fol
un̄ ist die sonne in dē x grade der fisch · Der mane in dem x gͦde
der Jungfrauwen : Saturnus in dem xxiiij grade des lewens und

Blatt Ia: Astronomischer Kalender, Februartext
(Krakauer Probedruck)

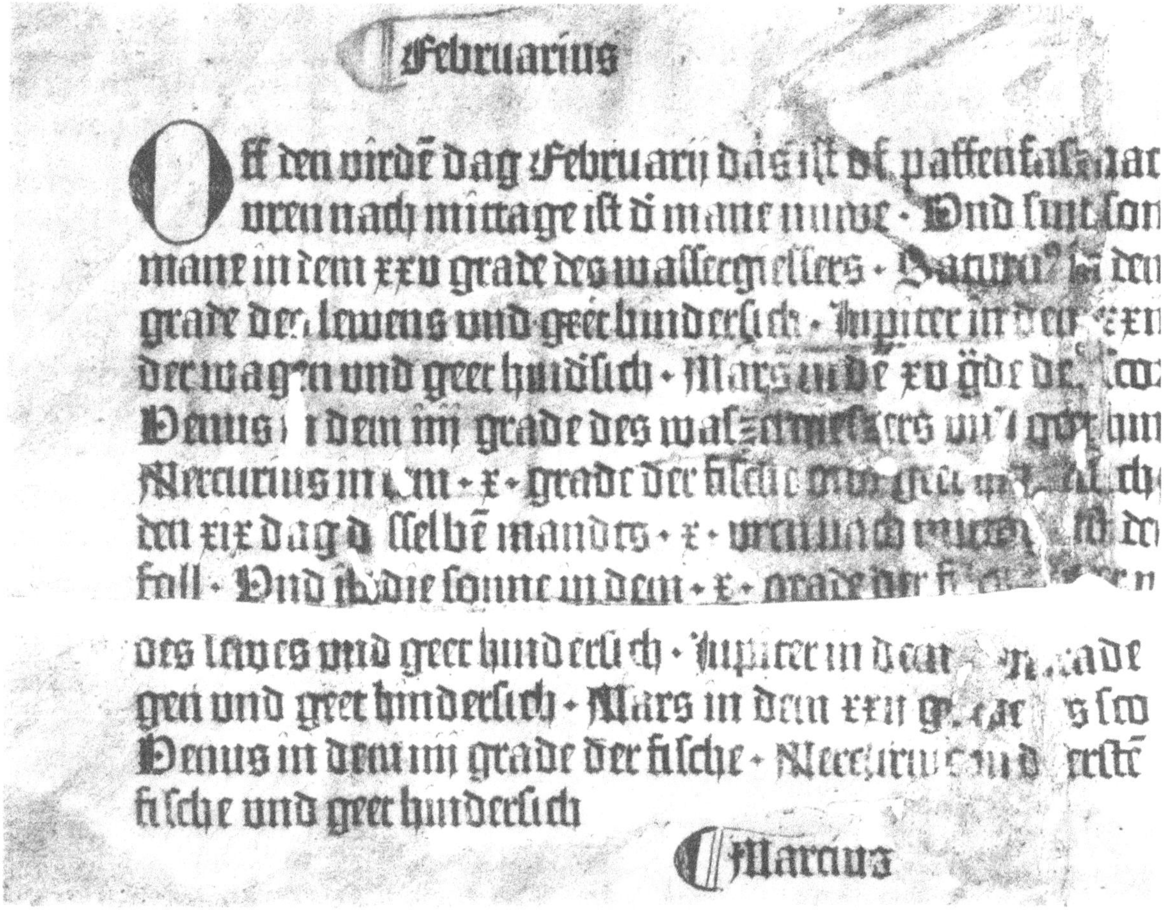

Februarius

Off den vierdẽ dag Februarii das ist vf paffenfas[illegible]

hten nach mittage ist d' mane nuwe · Vnd sint son

mane in dem xxv grade des wassergiessers · Saturn' [illegible] dem

grade des lewens und geet hindersich · Jupiter in dem xxi

der wagen und geet hindersich · Mars in dẽ xv grade des scor

Venus [illegible] dem iiij grade des wassermessers un[illegible] geet hin

Mercurius in dem · x · grade der fische und geet [illegible]

den xix dag d' selbẽ mandes · x · uren [illegible] ist de

fall · Vnd ist die sonne in dem · x · grade der f[illegible]

des lewes und geet hindersich · Jupiter in dem [illegible] grade

gen und geet hindersich · Mars in dem xxii gr[illegible] s sco

Venus in dem iiij grade der fische · Mercurius [illegible] erstẽ

fische und geet hindersich

Marcius

Zum Vergleich:
Astronomischer Kalender, Februartext
(Wiesbadener Reindruck)
[Zwischen den beiden Stücken fehlt eine Zeile des Textes]

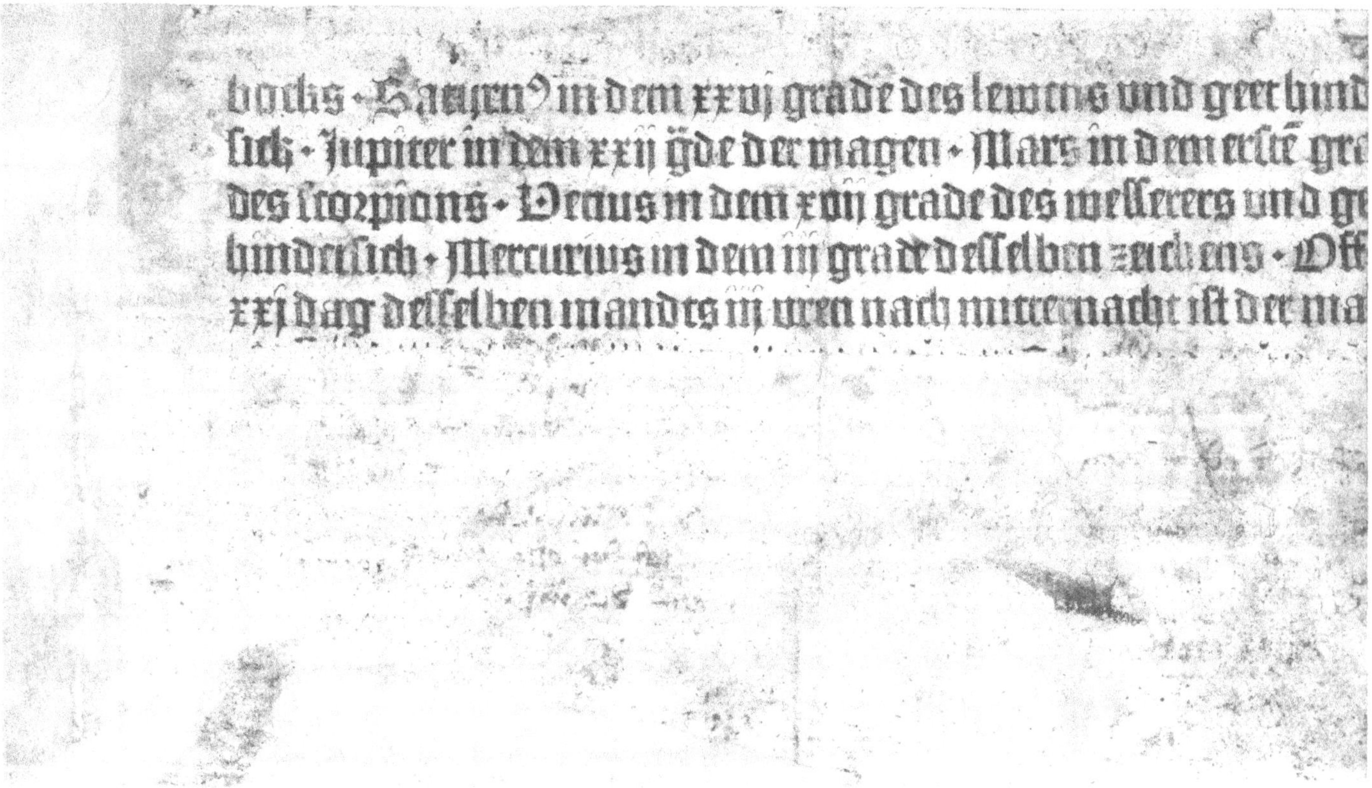

bocks · Saturnus in dem xxvj grade des lewens und geet hind
sich · Jupiter in dem xxij g̃de der magen · Mars in dem erstẽ gra
des scorpions · Venus in dem xvij grade des wesserers und ge
hindersich · Mercurius in dem iij grade desselben zeichens · Off
xxj dag desselben mandes iij uren nach mitternacht ist der ma

Blatt Ib: Astronomischer Kalender, Januartext
(Krakauer Probedruck)

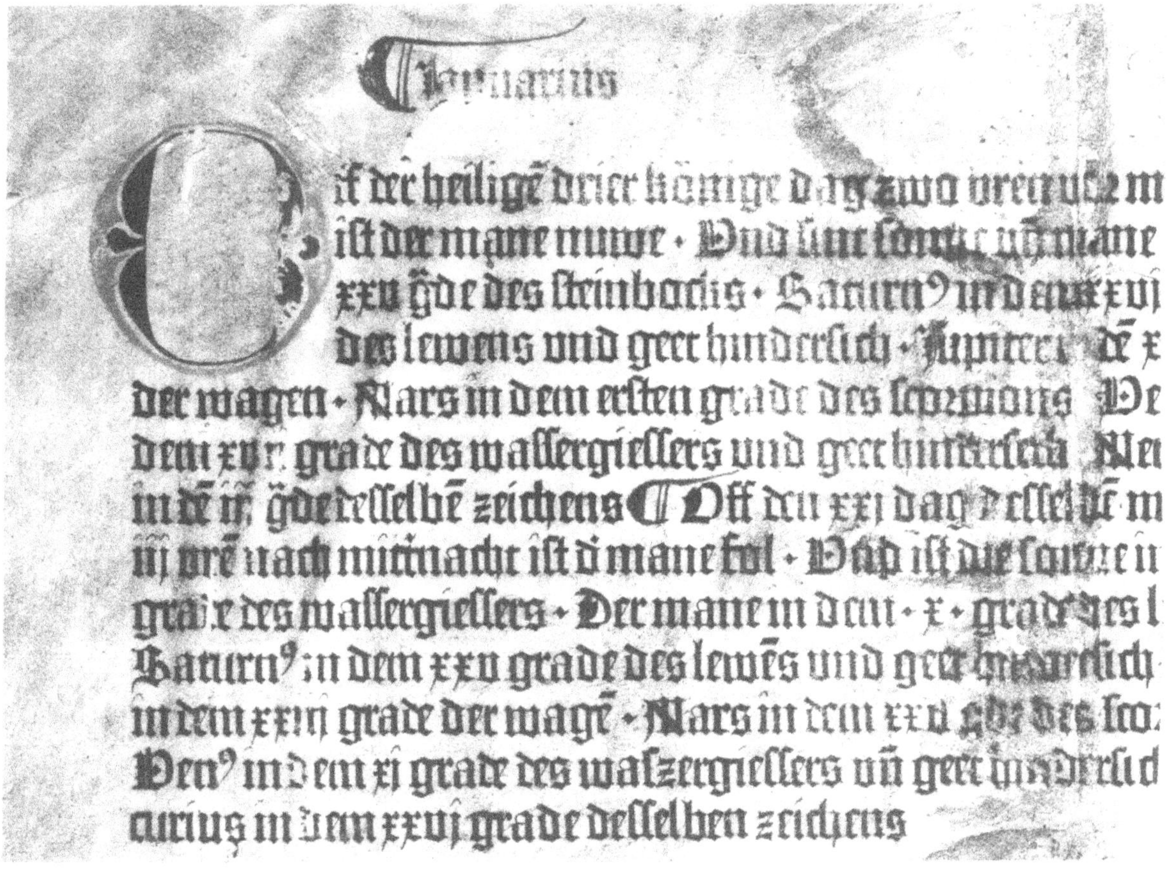

Zum Vergleich:
Astronomischer Kalender, Januartext
(Wiesbadener Reindruck)
Zeile 3 Mitte bis Zeile 8 Mitte: Text des Krakauer Probedrucks

Tafel 5

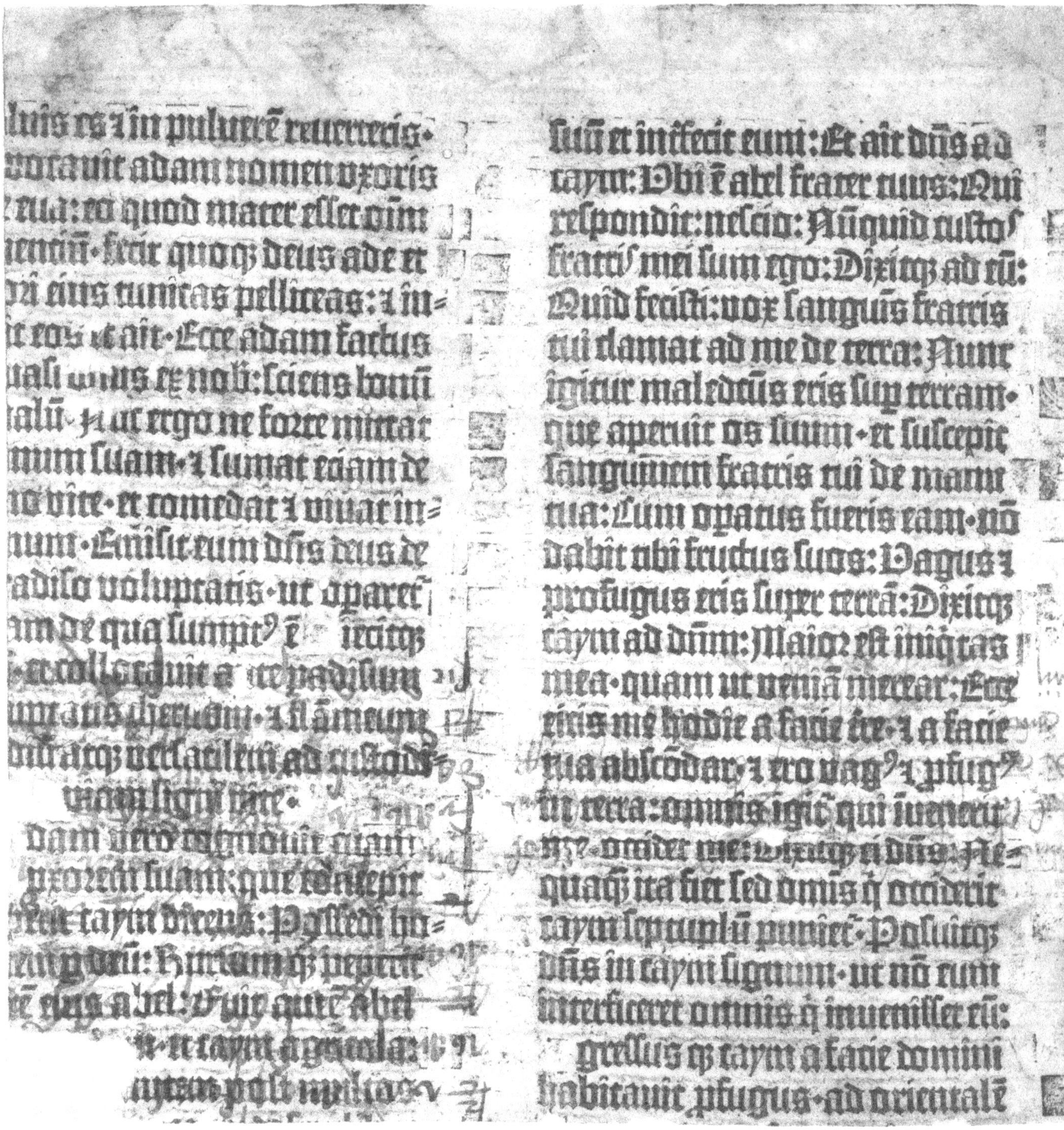

Blatt IIa: Biblia latina. Genesis III, 19—IV, 3; IV, 8—16
Probedruck von Bl. 7 recto einer 40zeiligen Ausgabe
Darunter: Schuldbuch eines Mainzer Gewandschneiders (Eintragungen aus d. J. 1383)

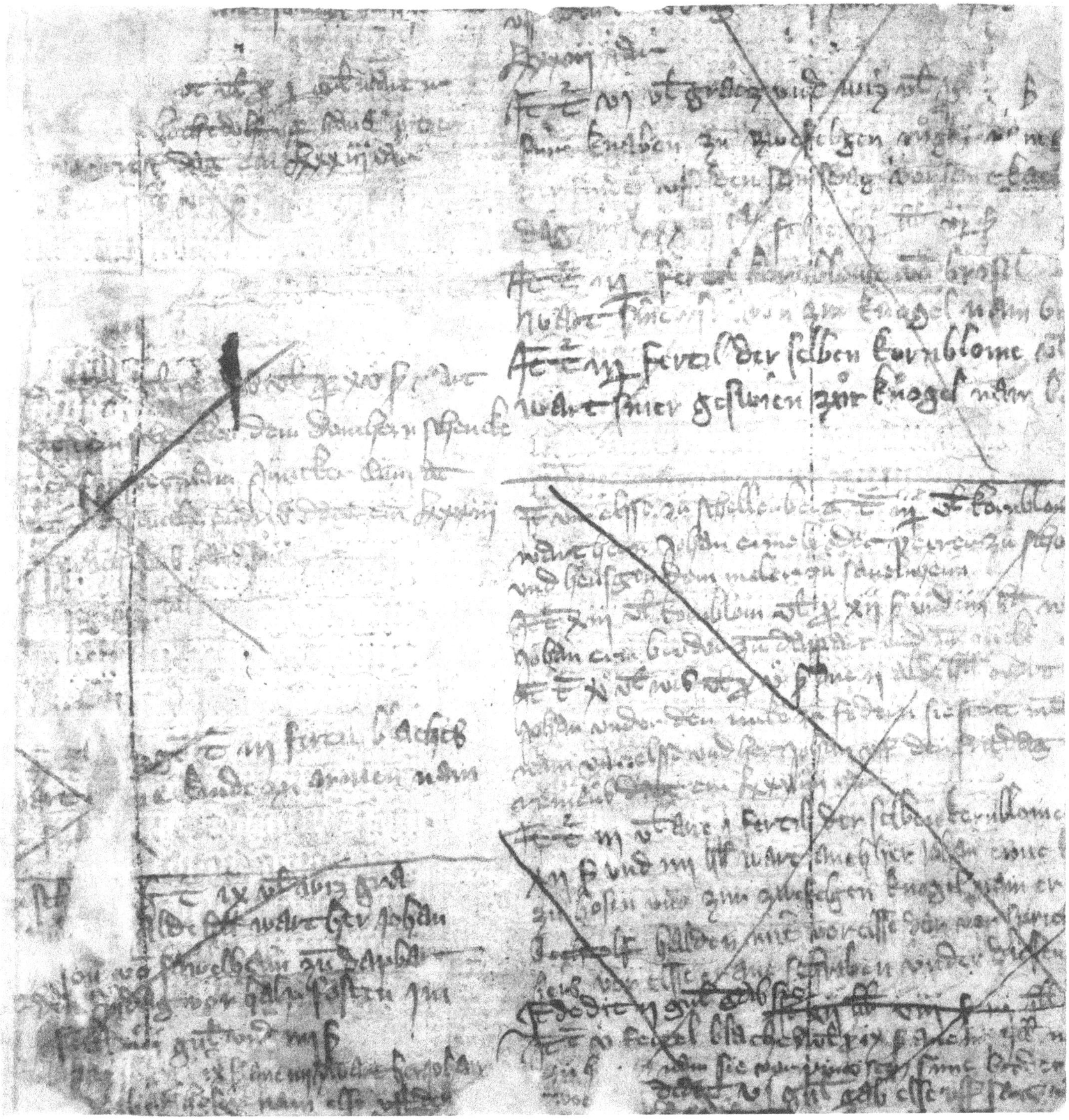

Blatt IIb: Schuldbuch eines Mainzer Gewandschneiders
(Eintragungen aus den Jahren 1383 und 1384)

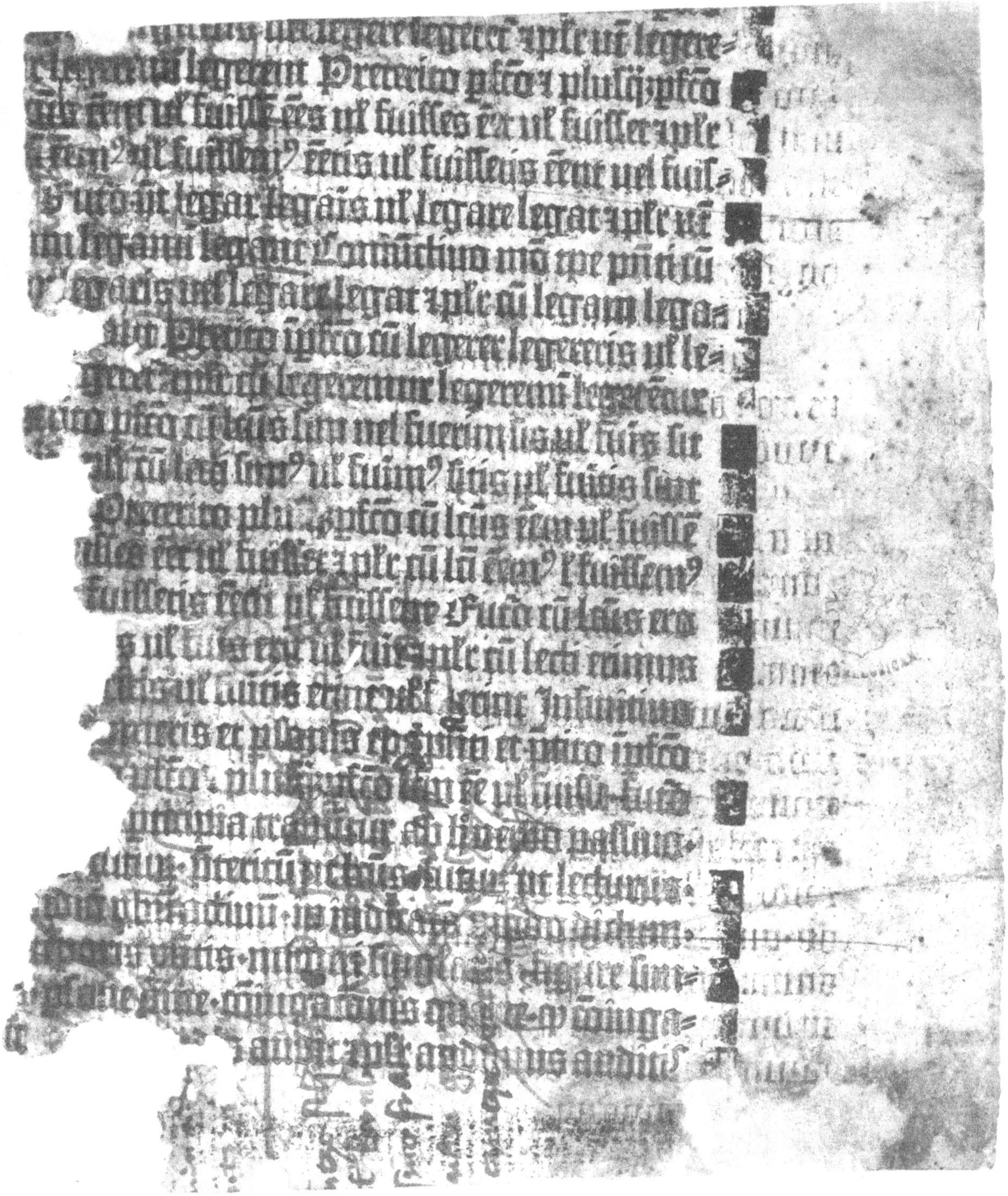

Blatt IIIa: Donatus. Ars minor. — Probedruck von Bl. 13 recto(?) einer 27zeiligen Ausgabe (Zeilen 4—27)
Darunter: Schuldbuch eines Mainzer Gewandschneiders (Eintragungen aus d. J. 1392)

Blatt IIIb: Schuldbuch eines Mainzer Gewandschneiders
(Eintragungen aus dem Jahre 1392)
Am rechten Rand: Fehlende Stücke aus den letzten beiden Zeilen der auf Tafel 9 abgebildeten Donatseite

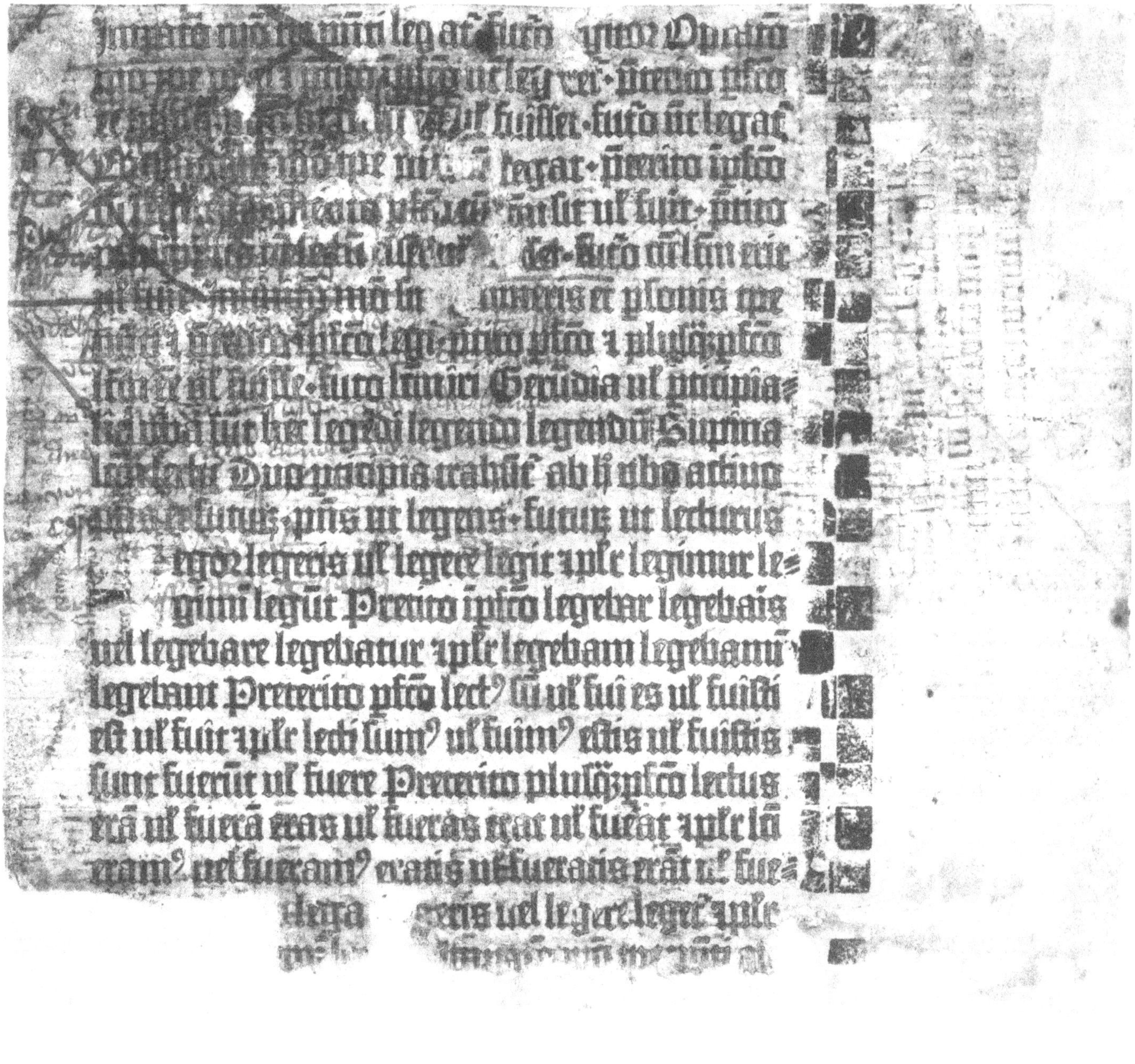

Blatt IV a: Donatus. Ars minor. — Probedruck von Bl. 12 verso (?) einer 27zeiligen Ausgabe (Zeilen 6—27)
Darunter: Schuldbuch eines Mainzer Gewandschneiders (Eintragungen wahrscheinlich aus dem Jahre 1392, vgl. Tafel 8)

Blatt IV b: Schuldbuch eines Mainzer Gewandschneiders
(Eintragungen aus dem Jahre 1393)
Unten: Linker Rand der auf Tafel 7 abgebildeten Donatseite

Tafel 11

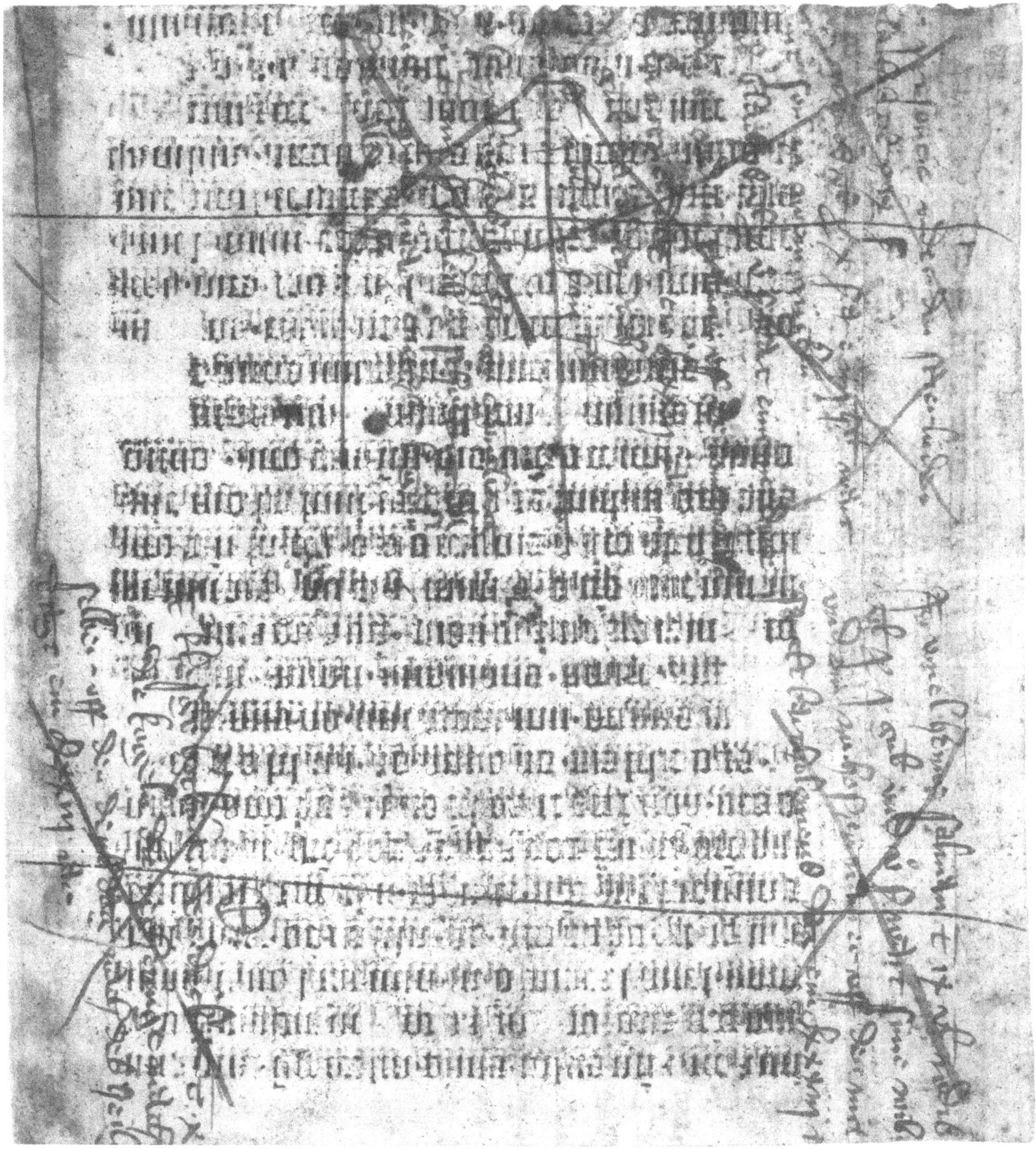

Blatt Va: Donatus. Ars minor. — Abklatsch von Bl. 2 verso (?) einer 27zeiligen Ausgabe (Zeilen 1—25)

[Der Abklatsch ist spiegelbildlich und steht auf dem Kopf; Z. 1 beginnt also unten links!]

Darunter: Schuldbuch eines Mainzer Gewandschneiders (Eintragungen aus d. J. 1383)

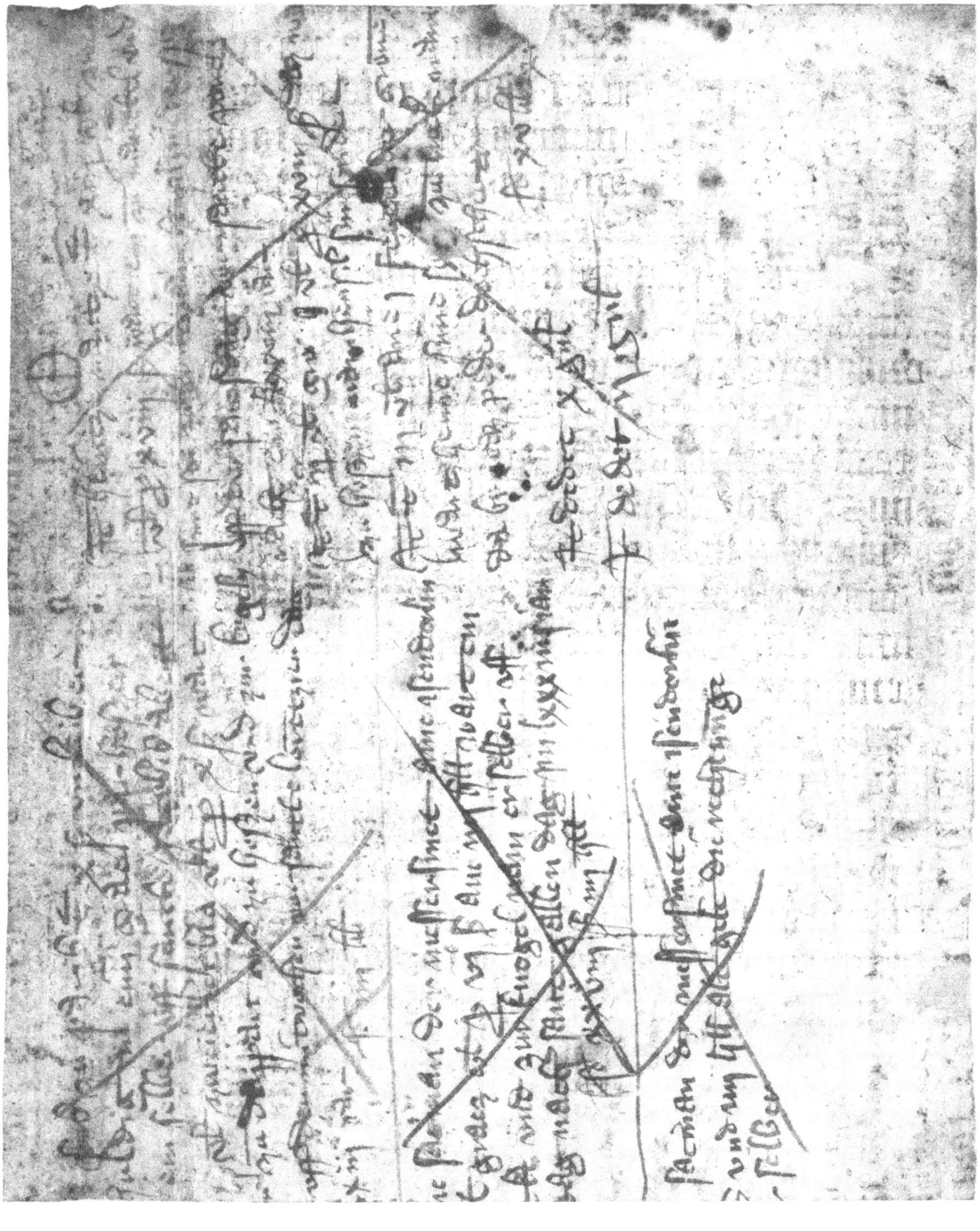

Blatt Vb: Schuldbuch eines Mainzer Gewandschneiders
(Eintragungen aus den Jahren 1383 und 1384)

www.ingramcontent.com/pod-product-compliance
Lightning Source LLC
LaVergne TN
LVHW080756300926
849162LV00008BA/1827
* 9 7 8 3 4 8 6 7 7 6 8 4 3 *